藍學堂

學習・奇趣・輕鬆讀

思維的製程

台積電教我的思維進階法，練成全局經營腦和先進工作術

品碩創新管理顧問執行長
前台積電營運效率主管
———彭建文 著

推薦序

成為更先進的工作者版本，創造雙贏

——城邦媒體集團首席執行長　何飛鵬

多年前我曾與彭建文老師聯繫、見面，當時邀約他出版《台積電的四十堂課》，雖然時機未成熟，無法結緣。但彭老師後來在城邦集團陸續出了兩本書，而今第三本《思維的製程》也出版了。

網路上的職場專欄免費文章何其多，讀者在閱讀後，除了吸收知識與訊息外，背後肯定還有未解之難題。因此我們再透過：書籍、實體／線上課程、講座等不同媒介，提供各種更深度的服務和方案，協助讀者解決進階問題。

這就是《思維的製程》出版的初衷。彭老師以任職台積電十年多經驗及豐富的企業輔導實例為基礎，盤點所有工作者、管理者在職場中常遇到的麻煩事與問題，並提供可標竿台積電的解決方案。本書給了讀者一窺台積電式管理的機會，中高階主管也可以從制度上，培養持續改善文化，整備、評估、執行的專案架構，深植創新基因。

在職場遇到困難時，往往容易陷入直覺反應，或者憑藉個人經驗行事，這樣處理簡單的小問題沒問題，但遇到具挑戰或複雜的大問題時就不易解決。本書從思維角度，不但從大方向上來提點讀者，同時也以具體的框架、表單，讓讀者能參照和活用。不只能協助公司改善工作流程和效率，作為個人，無論您是中高階主管，或者是經驗尚不足的工作者，都能改造自我。

職場裡，工作者必須遵守團體的規範和邏輯，也必須完成被交付的任務和目標。本書即是能更有效完成工作的關鍵工具，期望所有工作者能經由閱讀本書而自我成長、應用，鍛鍊成更先進的自己，以得到主管信任，進而為自己爭取到更多的自主權，最終達成公司與個人的雙贏境界。

推薦序

從局內人角度，分享台積電基礎

——「大人學」共同創辦人 姚詩豪

我在三十歲剛踏入顧問業時，就參與了台積電的系統導入專案。當時服務的公司與台積電的夥伴合作，要在台積內部建立一套專案管理資訊系統，用來回報進度與監控各類專案。這段經歷可說是我在職場二十多年來、數一數二珍貴的契機，至今難忘！

在專案初期，台積電對品質的高標準就給了我們一次震撼教育。我們安排了培訓，目的是向台積電同仁介紹這套新系統，並且講解相對應的管理概念。當時老闆指定了一位有外商半導體經驗的前輩當講師。但我建議老闆換人，原因在於這位前輩雖然對產業很有經驗，但他剛來公司，對系統還不熟悉，我很擔心被台積同仁打槍。只不過老闆覺得我多慮了，仍維持這項決定。

在上課當天，我擔任助教，這位前輩果不其然，在台上避重就輕，含糊其辭。這時馬上有好幾位台積電的學員舉手提問，希望講師解釋模糊之處。顯然講師的回答無法讓大家滿意，這時課程窗口就直接中斷課程，上台跟講師說：「老師您辛苦了，您分享的資訊，我們大概都已經知道了，為了不浪費彼此的時間，今天課程就先上到這裡，謝謝！」當時還是菜鳥顧問的我，雖然早已預見這樣的狀況，但真正發生在眼前時，我還是非常震驚。這原本是一整天的課程，至此才進行了三十分鐘！

後來在客戶的建議下，老闆讓我主導後續的工作，這又是一次震撼教育！

每次跟台積電的夥伴開會，我都戰戰兢兢，如履薄冰；甚至常熬夜準備。因為他們都會提出非常細節的問題，不放過任何一個含糊之處。面對各種任務時，他們不但要搞懂如何執行，還要我講清楚背後的原理，我甚至需要拿起白板筆，在白板上驗算軟體的計算結果，核對無誤後，他們才放心！我雖然一開始非常緊張，但後來卻非常享受，能跟一群如此聰明又務實的人一起工作，真的相當過癮。

更有意思的是，在一兩個星期的疲勞轟炸後，台積電的夥伴對我的態度明顯轉變了，看到我來就很開心，以前說話咄咄逼人的語氣，也變成好朋友般的親切。我有點不解這樣的轉變，直到後來一位台積電的工程師告訴我：「Bryan，因為你夠專業，所以過關了！」

這兩段經歷，讓我親身感受到台積電文化的兩個特色：「實事求是」與「專業至上」。我後來的職業生涯中，雖然服務過許多國內外知名企業，但像台積電如此深植人心的程度，還真的從沒遇過過。

很高興在台積電擔任主管多年的建文，親自從局內人的角度，告訴我們此種文化背後的根基。這本書告訴我們的，並不是商業雜誌常見的戲劇化故事，也不是創辦人的經營心法或崇高理念，反倒是分享了台積電內部的工作流程與管理方法，讓一般的主管或創業者也能學習與參考台積電的管理模式。這本書的題材市面少見，相當實用並具參考價值！

推薦序

面對劇變，最佳起點就是學習思維的良率與製程

——人資小週末創辦人 盧世安

面對環境劇變，現在每家企業都希望成為學習型組織，讓企業能夠無痛轉型。但其實「成為學習型組織」是果，「擁有學習型員工」才是因。不過，更往前追溯，「擁有學習型員工」也是果，「建構學習型文化」才是因。再追根究柢下去，「建構學習型文化」也是果，「形塑學習型行為」才是因。然而，這一切改變都需要從「思維的改變」開始，所以「形塑學習型行為」也是果。就如同我們常說的企業要轉型，必須要奠基於學習型組織，但如果不依照上述以終為始的步驟，往往變革就無法具操作性，而不具操作性的變革，注定是失敗的。

無論是《思維的良率》還是《思維的製程》，建文老師寫書的最大特點，就是提供「操作性」，同時也撐起了管理層面廣闊的視野。也許您可以將前者視為建構良好思維

的經線，而把後者當成架構良好思維的緯線。有了經線，我們可以對單一思維的脈絡有縱深的掌握，而理解了緯線，就能連結多元思維的切面，經緯縱橫，乃成其大，乃成其全。

其實思維的品質是最難控制的，因為變數實在太多，但正因如此，要如何提升同仁思維產出良率，已經成為現代企業在組織能量發展上的重中之重，尤其在創新議題上。從書中台積電的例子，我們可以深刻了解，創新不是期待員工的突發奇想，應該是在制度上的要求，一種對員工行為的強化與賦能。不要期待能尋找到具有創新特質的員工，不要盼望員工會在重金獎勵下就踴躍創新。而是要珍惜、保護員工的冒險精神，並打造有助於創新正向循環的職場環境。

本書核心是提供一套系統化的分析與解決問題方案，這一直是很高難度的挑戰，但卻是建文老師的強項。我將本書提到的「課題達成型方法」的八個步驟先給大家看一下：

1主題選定與建立團隊

2課題明確化與建立攻堅點

3 方策擬定
4 最適策追究
5 最適策實施
6 效果確認
7 標準化與落實管理
8 反省與今後的因應

這八步驟的內容與細節，我就不多闡述（請您買書來看），但想強調本書的重點是想要有效、有品質的解決問題，需要的是框架與流程的精準組合，這可以當成您閱讀本書的量尺，必定會讓您大有收穫。

此外，還可以從職涯發展的維度來閱讀本書。從本書一開頭，建文老師提到台積電文化中、影響他很深的的六個重要生命養分：願景要大、承諾、創新、持續改進、實事求是的態度，以及不斷學習，這幾乎也可以當成工作者發展職涯的內功心法。而書中提到的諸多方法與技巧都可以視為個人職場的必要養成裝備。

在 VUCA 時代下，作為個人，我們要面對許多不確定性，最佳的起點就是學習，為了強化學習效益，就需要學習如何學習。作為領導者，我們面對不確定，最好的應對就是用行動代替焦慮，為了驅動組織變革，就需要變革；而學習如何變革的一切起點就在維持思維品質的良率上。

推薦序

世界級競爭力魔法之拆解書

——光合鮮活社企 營運總監與資深夥伴教練 侯安璐

身為夥伴教練，只能用驚嘆來形容！從二〇一五年起，建文老師因轉型議題來參與個人教練會談專案開始，我一路協助建文老師從個人頂尖職業企業講師，逐步轉變為帶領一群台積電背景與志同道合的顧問講師團隊的執行長，繼而創辦系統性問題解決方法的「國際ＰＪ法」品牌，接著完成心願——他期待用自己在台積電所得所學的所有功夫，幫助年輕職場工作者——書寫《思維的良率》。現在他更突破自己，在同時輔導多家企業與處理公司事務的繁忙日程中，完成了《思維的製程》！

《思維的製程》將《思維的良率》還沒說完的台積電功夫，進一步延伸、闡述，仍舊維持既有的精實文風，佛心地把他在台積電受過扎實邏輯分析問題解決的訓練內容，配搭編輯群的專業分類，為讀者提供全面性、高實務性、高可行性的解方。您可依個人需求，針對問題單篇或依序系統性閱讀。

此外，本書還寫下了建文老師台積電十餘年工作經驗，以及他十餘年在兩岸三地、東南亞等大中小型企業顧問與授課身經百戰所淬鍊而成的人生智慧。非常適合不同組織的領導管理者，甚或是未來有心成為領導管理者閱讀。書中內容能同時避免您與組織重蹈覆轍，也能協助您啟動兼具全面且務實的企業轉型基本功。

如同建文老師平時在企業輔導授課的風格，每篇文章都有生動案例與故事，非常易讀。您可以把這本工具書放在辦公桌案前，即看即用。當您遇到組織或工作專案中想不通的瓶頸時，就能藉此打通思維盲點。本書在手就像有一位照顧者和智者原型的慈心資深企業顧問講師在身邊，讓你能隨時詢問。

建文老師曾說自己是工程師出身，不是很會書寫，最多只是寫寫那種密密麻麻、看了一兩段就會讓人打瞌睡的技術專業文章。沒想到現在竟成了《商業周刊》網路專欄作家，好幾篇文章都有數萬人點閱率；《思維的良率》也在出版後連續兩年持續暢銷，還進入二〇二二年博客來年度百大選書（商業類）的行列中。這一切不正展現出他個人持續改善精進的過程與結果嗎？他真真切切地活出兩本書的核心精神！

如果你想要知道台積電公司如何讓全球看到世界級競爭力之神奇魔法，建文老師已經細細拆解在《思維的良率》和《思維的製程》兩本書中了。強力推薦給在職場與領導管理團隊，想要更上層樓的工作者一讀！

推薦序

本書為職場工作者與企業的卓越教戰手冊

——振鋒企業總經理 林衢江

首先，感謝也很榮幸能再次受到彭老師的邀請為《思維的製程》推薦，也藉此代表公司向彭老師長期對振鋒企業的教導與愛護，表達誠摯的敬意。

彭老師在上一本《思維的良率》中提及工作者思維的重要性，因為工作者的思維決定影響了一家企業經營未來發展的關鍵要素。因此，具備正向的工作思維就能造就一位卓越的工作者，而有一群卓越的工作者才能打造一家卓越的企業。

《思維的良率》告訴我們要成為卓越的工作者，具備正向的工作思維只是最基本的關鍵要素，而《思維的製程》則是傳遞我們如何將正向的工作思維真正實踐於日常工作中。

彭老師於書中分享了自己在台積電與從事企業顧問老師二十多年的實戰工作經歷，

從如何培養自己成為具備正向工作思維的工作者開始，到如何活用、貫徹於工作中，最後成為卓越的工作者與企業顧問老師，這樣無私地分享對所有的讀者而言，真的是受益良多。

本書與一般工具書有很大的不同，在於彭老師是結合個人實際的工作經歷與多年協助企業解決問題的實戰顧問經歷，針對企業常遇到的經營管理問題，提供已驗證過的方法論。我相信這樣具實戰驗證的方法論，不僅能成為卓越工作者的教戰守則，也能為企業長期面臨棘手的經營管理問題，提供一個治本且可具體實踐的最佳解決方案準則。

作者序

閱讀本書就如買台積電股票，將有高報酬

這是我出版的第三本書，回想起這幾年這三本書，其實有一段故事。

當年我離開台積電，想完成企業輔導跟講師的夢想，記得那時部門主管還跟我說：「建文，你離開公司後，如果企業講師做不好，非常歡迎你再回來，部門永遠歡迎你。雖然不清楚會不會有同樣的職位，但是我一定會盡力幫你找職缺。」雖然不確定主管是開玩笑，還是認真的，但當時我心想自己一定要成功，怎麼可能失敗再回台積呢？這樣多沒面子，下一次再回台積電時，我一定要成為成功的企業顧問講師。

離開台積的兩年期間，我沒有名氣，企業授課天數非常少，發展沒那麼順利，但我從來沒有一絲一毫的念頭想要回台積。但很現實地，當年預備的家庭經濟預備金慢慢要用完了。就在我離開台積電第二年的除夕，當晚吃完了年夜飯，父親把我拉到廚房，告訴我：「爸爸知道你從公司離開，這幾年過得不是很好，爸爸沒有責怪你為什麼當年要

離開台積電，只是怕你經濟壓力很大。爸爸這裡有幾萬塊閒錢，你先拿去用喔！」我當下眼淚幾乎就快掉下來，但還是忍住，然後回父親說：「爸爸，不用擔心啦，目前都還夠用，這些錢你拿去用，真的不需要。」當時心情有點難受，我從進入社會就從來沒跟家人拿過錢，離開台積電從事自己感興趣的工作，居然還讓家人擔心，真的很心痛。

還好我堅持的夢想終於開花，幾年之後我成為有名氣的企業培訓顧問講師，那時最高培訓天數一年高達一百八十天左右，也就是每兩天就有一天企業培訓輔導課程，生活過得非常忙碌與充實。

就在我的事業達到高峰，還有很多事情想完成的二〇一七年時，有件事情發生讓我人生跌落谷底，好一陣子一蹶不振，很多企業課程幾乎都推掉，體重也爆瘦了約七公斤。我在二〇一七年二月七日去醫院眼科檢查，在診間被醫生宣判：「你的眼睛有青光眼，而且已經是中度嚴重，快的話兩年就會雙眼失明，慢的話就要看你怎麼保養。」當時我在診間聽到醫囑時，幾乎嚇呆了，真的無法接受。當天回到家，我就跟兒子、女兒說：「爸爸今天去做眼科檢查，醫生說爸爸的眼睛兩年後就會失明了。」說著說著，我們三個人就哭成了一團。

後來，經過一段時間我才慢慢走出來，也逐漸把負面的情緒轉化成正面的能量。我因此重新思考人生優先順序，思索在眼睛還沒失明前，還有什麼很想達成的夢想，要不要趁這幾年趕快完成。因此，出書就被我列在實現名單上。因為，這幾年我在企業不論是講課或輔導，把當年在台積電所學的工作思維與方法、管理和領導思維與技巧，以及高效解決問題的系統性方法，傳授給很多企業與職場人士，得到的迴響都相當好。我因此思考，把當年在台積電學的，再加上這幾年實際運用與淬鍊的內容寫成書，否則這些知識只存在我一個人身上是不會產生價值與影響力的。

二〇一九年我出了第一本書，書名是《高效工作者的問題分析與決策：世界級的企業這樣子解決問題，透過全球首創ＰＪ法的「步驟＋工具表格＋思維＋心法」，快速提升解決問題的能力！》。

二〇二一年八月出版第二本書《思維的良率：台積電教我的高效工作法，像經營者一樣思考、解題》。這本書主要是談商業思維跟高準度的不敗工作法，不是埋頭苦幹就一定有收穫，你可以用更聰明、更有策略的方式，面對問題、懂得思考，更知道該怎麼做！

而在二〇二三年元月出版的第三本書《思維的製程：台積電教我的思維進階法，練成全局經營腦和先進工作術》，將系統化工具解方說得更深入、完整，讓你思維進階、持續進化，為自己和公司創造雙贏。

哇！我終於完成《思維的良率》與《思維的製程》。這兩本書的完成，對我非常有意義。因為，我終於把過去自己二〇〇一年到二〇一一年這十年期間在台積電工作、學到的（這並無法代表現在的台積樣貌），透過這十幾年在企業講課跟輔導的運用與深化，讓這些思維方法和工具更親近讀者，讓每位職場人士都可以標竿世界一流企業。更重要的是，這些思維的知識含量，在我這幾年不管是個人還是企業效果的應用上都非常卓越[1]。

寫到這裡，也許很多人會好奇，為什麼我在台積十年多能夠學習到那麼多東西。

我想應該有兩個比較關鍵的因素，一是我在工作期間有寫筆記的習慣，任何一個重點、

[1] 我也從這兩本書，精選出台積電教我的關鍵二十堂課，除心法深入解說外，並輔以實用實作表單的帶領，協助快速累積世界一流的競爭力，稱為「台積電教我的關鍵二十堂課」。本書提及所有課程細節，請參考 QR code 。

學到的東西，我都會記錄在筆記本裡。當離開台積電時，我才發現原來自己的筆記本已累積超過二十幾本。其二是每件事情、每個任務、每個專案，我都很用心執行並從中學習。因為，我知道這些都會成為未來的職場養分，雖然當時我不知道即便學到了，是否會對未來的人生有幫助，但是總預設學了應該有好處。

成功最快的方法就是看別人怎麼做，也就是標竿學習。如果你想成功，但全靠自己摸索，真的太辛苦了。我花了將近二十年完成了《思維的良率》、《思維的製程》兩本書。如果你想與成功連結，好好運用書裡的心法和工具、練習步驟與表格，就可以逐漸接近勝利。閱讀這兩本書跟購買台積電股票一樣，會成為你一生中報酬率最高的投資。

寫書、當作家從來不是我人生最初的夢想跟目標，總覺得它們離我很遙遠，但是當一個企業培訓講師跟顧問，卻是我學生時代的夢想。如前所述，如果沒有被醫生宣告可能失明，這兩本書也就不會那麼快誕生，寫到這裡，心中有無限感激。超級感謝《商業周刊》讓我有機會在這幾年成為網路專欄作家，因而有出版書的契機，也謝謝出書過程中，《商業周刊》出版部的出版總監林雲、行銷總監勝宗與編輯亞萱等團隊的大力協助，也謝謝資深夥伴教練侯安璐老師在我寫書的路上，給予多觸角的思考面向與創意發想。

最後，還是要感謝我的家人：父母親、太太妙昇、兒子翊程、女兒聖珉，謝謝你們的體諒跟包容，讓我完成沒有規畫、但後來想完成的人生心願。

而這幾年也因為疫情，與自己寫書、工作的關係，比較少回竹南老家、陪伴父母親。接下來想讓自己稍微休息，除了多陪陪家人，也希望可以重新再充電學習，之後有機會也想走遍台灣，傳遞更多我在台積電學到而後活用的思維和工具。

PART ①

管理者的思維進階法——拆解思維的製程，掌握全局就能追求卓越

PART 2

工作者的思維進階法——提升學習力、分析技巧和解決問題效率，成為未來最搶手人才

【番外篇】

PART

1

管理者的思維進階法——

拆解思維的製程，掌握全局就能追求卓越

Chapter 1

看懂護國神山的經營力和DNA

很多人對台積電的印象就是薪水高，可以賺很多錢，只是工作辛苦、早出晚歸，而且工作壓力大，好像從早到晚都在打仗，每天有開不完的會議、做不完的工作。

台積電是我的第一份工作，而我一做就是十年，在這十年歲月中，我換了好幾個部門，雖然每天的壓力與挑戰很大，但都是很棒的學習。從台積電的文化中，我發現到不少讓自己人生更加精彩的生命養分，分別為：願景要大、承諾、創新、持續改進、實事求是的態度，以及不斷學習六類。

1 願景要大

台積電成立時，就已經立志要做世界最偉大的企業。記得我剛進公司時，感覺公司跟英特爾（Intel）還差很遠，但因為有這樣的願景帶領，大家的工作態度時時刻刻都非常積極，具有衝勁，也相信我們一定可以達成。

為了達到這個願景，公司內部做了非常多基本功，每個基本功期程都長達五到十年。例如，台積電為了提高和控制品質，導入「統計製程管制」（Statistical Process Control, SPC）。藉由這套機制，公司可以在生產過程中進行即時監控，並為異常提出預警，以便生產管理人員立刻採取措施，消除異常，恢復過程的穩定。而引入「實驗設計」（Design of Experiment, DOE）則是為了更精進研發，希望透過「找到降低變異的因子設定（最佳條件，Recipe）」來降低製程變異，或是降低產品對不可控制因子的敏感性。

為了了解跟競爭者之間的差距，公司每年都會做客戶滿意度調查，從調查結果檢視公司不同面向的表現。每個面向都會跟競爭者比較，比方，詢問顧客：「在產品品質方面，您各給公司和競爭者一到五分的幾分？」這是公司非常重要的衡量項目。因為，不是自己覺得好就是好，要客戶說我們做得好才叫做好。另外業務行銷部門，也會針對競爭者盡可能全面分析，只是大部分的相關資料是從網路尋找。

另外，公司也會針對問卷分數低的項目，推動持續改善活動（詳見第四點說明）。目的是「把一件事情做到好，不要許多事情都做不出結果」。因為，有這樣的願景，所有人的方向才會相同，大家都覺得「沒有做不到，就怕你不想做」，而人生也是如此。

2 承諾

承諾就是「說到做到」，這個觀念我們從小到大聽了好多遍，但是能不能夠實踐，就看每個人的修養而定，而台積電就是把這個文化發揮得淋漓盡致。

尤其對客戶的承諾更是要求使命必達。在與客戶溝通的所有信件跟說明中，一定要對客戶說真話，承諾到哪就做到哪，沒有任何妥協空間。例如，你允諾客戶一個月後要出貨，就要及時完成；既然答應了，就要每天追蹤進度，時刻跟客戶更新產品狀態，就算東西真的來不及製作，也要事前知會並更新計畫。

正是因為重視承諾，在說出承諾前，公司內部會沙盤推演：何種程度做得到、什麼地方做不到、可能有哪些風險。這種對客戶的承諾深植於台積電每位員工的血液，在給出承諾之後，就要百分之百做到。

舉一個我自己實際的例子，記得有個新產品對某家歐美客戶非常重要，因此客戶不想上市時程被延誤，希望我們跨部門開會。後來，我們每週至少開三次會，討論並想辦法解決所有問題。在會議前夕，我做了非常多功課，非常仔細計算，到底這一批產品何時可出貨，也跟主管討論，後來我就允諾客戶能出貨的日期。最後這一批產品也如期出貨，並獲得客戶滿意的回饋。

3 創新

在超競爭的環境中，要勇於創新，敢於走不同的路。創新不只要嘗試新事物，還要確切執行。創新和冒險精神更要合而為一，因此公司除了鼓勵創新，也獎勵冒險精神。

舉例來說，因為當時做專案，就有機會在績效考核時，得到比較高的成績。既然要做專案，當然希望做不一樣的。在這個過程中，常會遇到從未做、遇過的工作內容，參與專案的同仁也因此會在過程中不斷學習。就算專案失敗，我們也能記取教訓，用這一次的失敗降低下一次專案的成本。

當年我在品質系統部門任職，曾輔導人力資源部門招募創新專案。那時台積電首創在台鐵區間車上面試，這樣一來，受試者就不用大老遠跑到新竹，還要搭公車或計程車到新竹廠區面試，而且面試後，可以隨時在下一站下車，大大減化招募流程。這項專案參加財團法人中衛發展中心的台灣持續改善競賽，決賽時，很多評審看到台積電的創新招募案例都非常讚許。不僅如此，這麼做對公司形象也有正面加分效果，因為當時媒體廣為報導[2]，等於免費幫公司曝光。創新在任何部門都可以發生，連招募看似很難創新的工作，也能以此突破。

在台積電十年，我養成習慣，想辦法讓自己在工作、專案上盡量做到一〇%至二

[2] 更多新聞報導，請見〈台積包火車面試 3 列車徵 500 人〉https://news.tvbs.com.tw/life/430834、〈台積電徵才 500 火車上面試〉https://ec.ltn.com.tw/article/paper/30027 等。

[3] 國際ＰＪ法問題分析與決策認證課程培訓。此課程傳授一套系統化的問題分析與解決的方法，從問題的辨識，問題的拆解，根本原因的驗證，對策的思考分析、預防再發分析等相關的步驟邏輯以及相對應的分析工具，課程搭配國際授權ＰＪ法思考圖的培訓方式，以圖像化溝通學習法，能為學員提升視野帶來同儕效仿、換位思考，進而發自內心渴求改變，該認證課程採取 2+1 天的深化培訓模式，讓學員們透過這趟深化運用學習的旅程，將國際ＰＪ法系統方法工具深化為自身的ＤＮＡ。

〇%不同。我現在在工作上也持續要求自己不管在授課技巧（如：問題分析與決策的方法〔PJ法〕❸）或知識累積上，每年至少也要有一〇%的創新，這些思維就是在台積電時所培養的。

4 持續改進

公司內部績效考核的算法是日常表現加上專案績效，因此績效要好，就一定要做專案，而且一定要做「不一樣」的專案。這樣的績效制度設計，在公司內部形成大家每年都要自己找專案來做的文化。例如，持續改善活動是為了不斷改善公司體質、增強競爭力而設立。小組成員可以來自同一工作區域，或者是由不同部門、但有共同問題或需要改善範疇的人員所組成。

我在台積電十年的時間，大概做了二十幾個專案，由於大部分專案都需要跨部門合作，當時我深刻學習到「維持單位和諧與口碑，切莫計較芝麻小事」的道理。公司持續推動的改善活動，既重視個人卓越表現，也強調團隊合作，對我後續的職涯影響非常大。

令我印象最深刻的持續改善專案，就是不斷提高公司產品的良率。某產品的良率都已經九九%了，主管還會再要求我們，不斷朝一〇〇%邁進，因為另外一%的不良率，萬一被客戶抱怨，對公司而言還是損失。由此可知台積電的管理風格是只要還有任何改善的空間就不會輕言放棄。

5 實事求是的態度

遇到問題，若單憑個人的既有經驗，有時不容易有重大突破，使用系統性方法較能打破盲點。因此公司遇到問題時，使用系統性問題分析與解決的方法就成了日常習慣。除了系統性方法，公司也非常強調追根究柢、實事求是的態度。

當時在公司遇到問題時，大家都會問：解決方法是什麼？記得有一次，我在業務部門必須計算長期需求與預測產能，但當時沒有任何系統性方法，而主管還是希望可以用科學的方法來處理。我們便參考了網路上的英文資料，找到有各自學理依據的不同解法。經過這樣的訓練跟磨練，大家在溝通上就有統一的語言。在這樣的基礎之下，就能精進預測，在討論時也會產生更科學的方法和邏輯。只要具邏輯，大家就會相信你算出來的數字。這樣的工作方式在我日後的工作中，助益非常大。

在公司內部，由於要處理的問題、要做的專案也很多，不只要會做事，也要會做人。久而久之我就學會了「做事要有熱情，做人要真實」與「找對人、做對事、用對方法、建對系統、給對評價」。現在遇到問題，我會發揮追本溯源、做事切實的態度，使用系統性問題分析與解決的方法，這已經成為我日常的習慣。

6 不斷學習

想在公司生存，不斷學習至關重要。因為公司每年會不斷挑戰新方向，且每個人都要做專案。有些專案甚至你可能從沒接觸過，因此我們無時無刻都在摸索未知的領域。

記得當時在品管部門，公司希望我們能接觸新資訊，因此要求我們讀英文期刊，尤其強調期刊的新內容，讀完後要思考、評估台積電能不能應用。因此那時我們都會組成讀書會、邀請同事一起討論。

我常被問到為什麼當時台積電會引進某項改善工具或創新的工具（如：二〇〇二年左右引進的 TRIZ 創新方法），現在想來，當時大家閱讀的英文期刊應該是主要原因之一，因為期刊內容都是當時最先進的資訊，當然也是最難的，畢竟企業實行的成功案例還很少。記得那時候，我們還被間接要求學習程式語言，這樣在跟資訊部門的專案合作上才可以減少摩擦時間。

在職場上，工作愈久應該愈輕鬆。但這句話在台積電不適用，不管你的年資多高，每年做的事還是滿累、挺有挑戰性的。那時我也看到很多人會自己去進修、學習，再貢獻在工作上。

台積電的工作氛圍就是員工會持續不斷學習和保持危機思維。有太多的東西可以挑戰，而這種氣氛也驅使每個人一直往前走；有了危機才會驅使大家不斷學習，不斷學習才不會被淘汰，這是每個人在職場上都該學習的。

我在台積電學到的六個重要生命養分，是從我進公司開始到離開，接近四千個日子裡奉為每天做事的準則，久而久之就內化為 DNA，而這對我的人生也產生極大的影響。我常跟大家說，人的一生一定要有「願景」，然後許下自己的「承諾」，為了達成願景，在過程中就需要「創新」、「持續改進」與「實事求是的態度」，而「不斷學習」是長出所有養分的基礎。

Chapter 2

客戶服務思維：四層次深化服務，讓客戶滿意

台積電是一家製造服務業公司，非常強調客戶服務，公司也把客戶當成夥伴關係。我印象中很多客戶都跟台積電一起成長，因為客戶成功成長，台積電才有可能成功。台積公司內有「客戶服務部門」，此組織成員大部分都具備研發工程專業，才能任職於此，因為沒有相關專業就無法跟客戶打交道。

當年我在品保部門時，每當客戶來公司稽核，就必須跟對方說明整體公司內部的持續改善制度與流程；在生產製造部門時，客戶會打電話或發信來關心產品交期，此時也要提供充足資訊，讓客戶安心。

就算你不在台積電上班，現在是客戶服務當道的時代，所有產業都得盡可能讓客戶滿意。以下，根據我在台積電及創業後的經驗，整理出客戶服務的四個層次：客戶服務4.0。

1 客戶服務1.0：做好客戶要求的事

一旦你承諾客戶要求的事，就一定要做到，就算沒有承諾，也要做到一〇〇%的服務。

例如，有個產品若需要花七天才能完成，但是客戶很急，希望兩天就可以交件，這聽起來是不可能的任務。因此，即便你無法允諾有辦法在兩天內交件，你也要說「我們盡量做到」，並且在往後的每一天，主動匯報產品目前狀態、是否有提前交貨的機會。就算最後無法在兩天內交貨，也會讓客戶感覺到你在這段時間裡的努力，你已經盡全力在服務他了。

換句話說，說到要做到，做不到也不能不做，而是要轉換思維：就算無法達到客戶期待，也要讓客戶感受到公司非常努力在服務他。

2 客戶服務2.0：了解客戶，搶先一步滿足潛在需求

從跟客戶的交流或信件往返中，試著了解客戶、挖掘客戶的潛在需求。例如，你可以在接到客戶要求後，多問一句：為什麼會想做這件事？

一旦你發現了潛在需求，就可以檢視公司是否有能力達成，在兼顧公司利益的情況下，滿足對方這部分的需求，甚至做到超越客戶期望的程度。

3 客戶服務3.0：服務重點是「人」，不是「產品」

在達成客戶服務1.0、2.0的前提下，將服務的重點從產品拉回客戶（人）本身，讓客戶感受到除了產品之外的關懷與感動。比方，在與客戶交涉的過程中，多一點人性的關心與關懷：詢問對方最近好嗎？小朋友多大了？平時喜歡運動嗎？聽說最近美國有大風暴，你們那邊還好嗎？或者，也可以旁敲側擊，在合理的範圍內了解客戶的相關資訊。例如，在客戶生日當天，寫張賀卡、傳封訊息祝福。

圖表1-1 客戶服務四層次

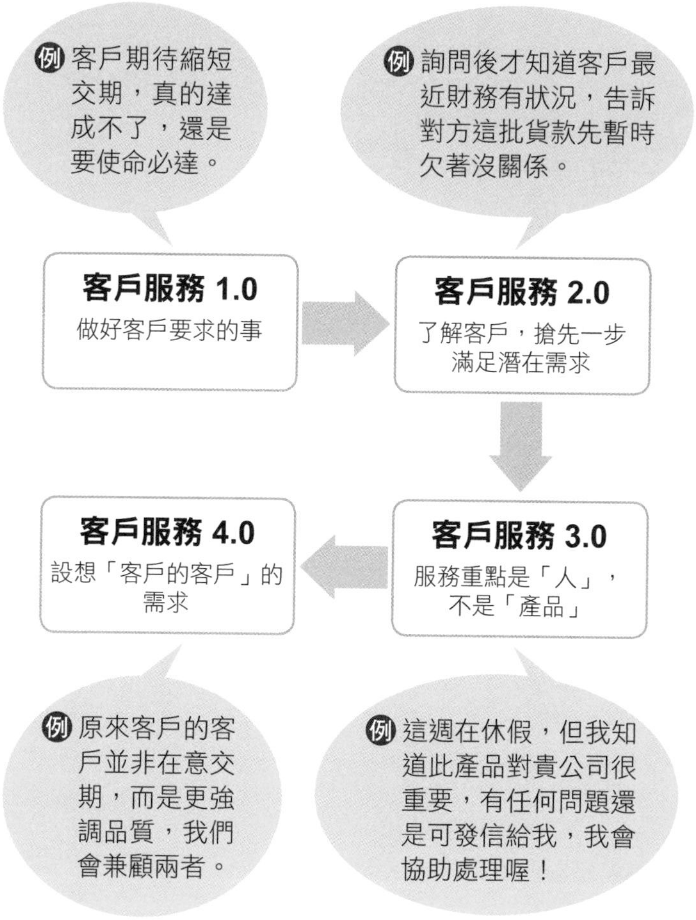
例 客戶期待縮短交期，真的達成不了，還是要使命必達。
客戶服務 1.0
做好客戶要求的事
例 詢問後才知道客戶最近財務有狀況，告訴對方這批貨款先暫時欠著沒關係。
客戶服務 2.0
了解客戶，搶先一步滿足潛在需求
客戶服務 3.0
服務重點是「人」，不是「產品」
例 這週在休假，但我知道此產品對貴公司很重要，有任何問題還是可發信給我，我會協助處理喔！
客戶服務 4.0
設想「客戶的客戶」的需求
例 原來客戶的客戶並非在意交期，而是更強調品質，我們會兼顧兩者。

4 客戶服務4.0：設想「客戶的客戶」的需求

有時候，客戶的需求並非出於自己，而是「客戶的客戶」的需求。因此，為了讓客戶更滿意服務，需要了解「客戶的客戶」的需求及潛在想法，打造客戶夥伴關係的生態圈。

有些公司業務只會反應客戶的需求，反應後就兩手一攤，認為與己無關，更不會去深入研究。建議大家，可以利用這最高層次的服務，來檢視公司的狀況。

服務客戶不應只由客服、業務窗口提供，公司內每位同事都責無旁貸。因此，客戶服務是每個人都必須具備的觀念。我們要明白，沒有客戶就沒有企業；客戶不滿意，企業就無法持續成長。

從客戶與企業的第一個接觸點開始，在每個細節都為客戶服務，都成為讓客戶滿意的重要環節。

在公司流程上，建議可以建立 Checklist 來落實四層次的服務，以免掛一漏萬。

圖表1-2 客戶服務四層次Checklist

客戶服務四層次	Checklist	請確認
客戶服務1.0： 做好客戶要求的事	**1.** 客戶要求、期待的事情，以來往信件來當成依據。	□
	2. 根據客戶的要求，內部進行討論，統一窗口回覆給客戶。	□
	3. 一旦無法達成客戶要求，一定要寫出具體理由。	□
客戶服務2.0： 了解客戶，搶先一步滿足潛在需求	**1.** 了解客戶為什麼有這個需求，去探究背後是否想解決什麼問題。	□
	2. 思考這些背後的需求是客戶個人的想法，還是客戶公司已經達成的共識。	□
客戶服務3.0： 服務重點是「人」，不是「產品」	**1.** 判斷留意在服務客戶的過程中，是否每週都關心客戶。	□
	2. 把客戶當成夥伴，關心客戶的工作、生活，甚至家庭。	□
客戶服務4.0： 設想「客戶的客戶」的需求	**1.** 這是客戶的需求，還是客戶的客戶的需求。	□
	2. 接觸客戶的客戶，了解更深層的需求。	□

Chapter 3

帶隊的進階①：四招讓團隊專案動起來

有家立志成為「業內台積電」的公司，因緣際會找上我們來輔導，希望協助建構升級持續改善文化的DNA。

第一期培訓成員約三十位，分為五組學習PJ法。開始輔導時，我就發現多數組員的表情不妙，因為他們看來好像都是被逼來的，一臉心不甘、情不願。

有一位學員表示，平時工作已經夠忙了，還要來參加輔導，簡直是增加工作負擔。還有一位學員私下告訴我，他的團隊並不想改變，因為現況很穩定，改變也不一定會更好。他還透露，之前公司做過其他專案也不太順利。許多學員都在忙著應付各種專案，整個團隊士氣低落。

我相信團隊士氣低落，不只是單一企業的狀況。我在兩岸企業輔導十幾年，就看過很多動力不強、沒有熱情的企業。如何消除團隊障礙，讓團隊有前進動力，十分關鍵。

圖表1-3 自我定位同心圓

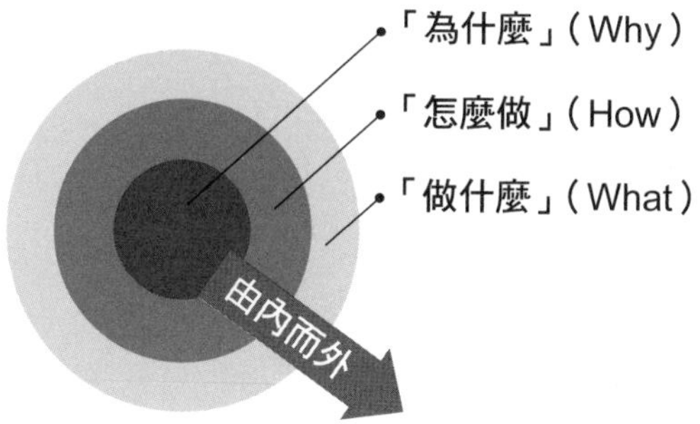

後來，我們安排了兩天的工作坊，運用以下四個技巧，激發團隊組織動能。

1 採用自我定位同心圓工具：由內而外驅動力量

「自我定位同心圓」是凝聚團隊的小工具，可以用來驅動內在力量。賽門・西奈克（Simon Sinek）著名的黃金圈是由三層同心圓組成，由內而外每一層各代表不同要素，這個同心圓的運作方式是由內而外提問「為什麼」（Why）、「怎麼做」（How）、「做什麼」（What），運用三提問與回答，自我定位思維。

舉例來說，若團隊成員中有組員想要成為組長的助手時，可以詢問對方。

● 問題一：在團隊中，你為什麼想成為組長有利的助手呢？（Why）
回答：因為我希望工作能有成就感，幫助別人、讓事情順利運作會讓我很開心。
● 問題二：為了達成此目標，可能對策有哪些？（How）
回答：可以主動協助組長工作、擔任副組長、跟在組長旁邊學習。
● 問題三：過程中可能會遇到哪些問題或挑戰？（What）
回答：組長認為我的能力不夠。

當然每位組員想法不同，若相較於成為組長有利的助手，組員看似還有其他更想擔任的角色時，就可以將問題轉化為：「你想成為怎樣的組員？」進而探索對方真實的想望。

透過自我定位同心圓，讓員工從內部驅動自己，主動散發學習的動能。

2 讓員工主動參與：提供誘因、充分溝通

在組織中，每個人工作都很繁忙，如果還要再額外做其他專案，必須提供更多誘因。例如，只要完成這個專案，部分工作可以由其他同仁分擔；或者是，一旦這個專案成功，團隊成員就可以有額外的獎勵。畢竟這是專案成員特別貢獻時間來完成的專案。

另外，任何一個專案開始之前，一定要跟團隊成員充分溝通，比方，為什麼要做這個專案？此專案對組織有什麼效益？我建議可以舉辦團隊共識工作坊，在開始前充分溝通，凝聚團隊成員的共識。

3 讓員工擁有成就感：績效加分、公開表揚

在台積電工作時，我每年都要做持續改善專案。有一年，我在持續改善專案得到第一名，隔天公司信件就寄出獲獎名次名單，我也陸續收到很多同仁寄來的感謝信件，那一剎那感覺一切的辛苦都值得了。

當時在公司做專案一定能提高績效表現，公司就是鼓勵大家透過專案，去解決公司或部門的問題，然後全員持續不斷精進。參加競賽、得到名次並沒有明文規定一定與績效有關，但我想主管都看在眼裡，這不只能為印象分數加分，有時也會成為當年度績效的額外給分。

我先前輔導過的另一家企業，則是會在專案競賽結果發表後，開放同仁讓家屬參與、見證競賽成果和榮耀。這不是花錢就可以買到的頭銜，在員工的心裡，是一輩子的榮譽。

4 讓員工感受成長：提供資源、消除障礙

專案是很棒的學習場域，但不能只叫同仁做專案，卻不給任何資源。指派專案的同時，提供必要技能與資源，才能讓同仁感覺到自己有所成長。

一般來說，我們會分析完成專案應該具備的技能，同時表列專案成員現階段具備的技能，兩相比較就可以發現不足之處。此時組織或部門負責窗口，必須尋找提升能力的

學習資源，讓成員可以在執行專案的過程中學習與成長，並且完成專案。

要讓團隊有前進的動力，必須學習消除團隊的障礙，因此辨認團隊或組織中有哪些障礙妨礙了前進，必須一一排除。

Chapter 4

帶隊的進階 ②：菜鳥主管叫不動老鳥下屬，怎麼做？

一天在企業授課結束時，兩位主管走到講台前，較資深的主管輕推了年輕主管：你可以把這個棘手的狀況，拿來請教彭老師。

年輕主管有些靦腆，他慢慢說出問題，可大致歸納如下：

- 資深員工不處理主管交辦工作，後續追蹤一個月，要不是沒進度，就是隨便給了錯誤率很高的檔案交差。
- 這位同事對於交辦事項，總會回覆「這不是我的工作」「那不是我問題」。
- 再多給一點工作上的要求或壓力，這位同事便會跨級向上申訴，表示直屬主管的要求不合理。

我發現這類情況大多會出現在人力不夠、不好招募的傳產公司或家族企業，不過還是可以透過下述方式應對。以下由對話呈現我和年輕主管 A 的討論。

動不了的老鳥，怎麼救？

我：「他目前年資多久？你何時來公司？」

A：「他年資十年。我之前在別的部門，在這個部門當主管大約一年。」

我：「你們本來就認識嗎？這問題困擾你很久了嗎？」

A：「還好，不是很熟。這個問題大概持續半年左右，真的滿久的。」

我：「他的職位是工程師嗎？過去幾年，他的績效在所屬的職級算好嗎？」

A：「他負責管理現場作業員，績效一般。」

我：「平常你都怎麼處理？」

A：「我會接手他沒做完的事，最近開始要求他當責、權責處理，但對方會反彈。」

我：「所以現在塞給他工作，已經有衝突了嗎？」

A：「沒有衝突，只是有點反彈，他會說，這不是他的工作。」

我：「你們定期開會嗎？」

A：「定期開週會和每日幹部會議；幹部六人，他也是一員。」

(1) 運用同儕壓力

我：「我透過剛剛的對話來確認現況。現在提供你一些技巧。你可以旁敲側擊其他五位幹部和基層員工的想法。如果你之前跟他溝通都是一對一居多，現在可以在部門會議上，將這件事搬上檯面討論，讓同儕壓力對他造成影響。」

A：「他下面的人只要反應，他就情緒暴走、謾罵。其實我試過在會議上告知他，這樣月考績會不好。」

我：「既然做了，就持續下去。再來，從關心角度，找他聊一下，好幾個任務交辦之後，成果都不如預期，是不是遇到什麼問題了？」

A：「這我也做過。但他就一直用那種方式說話，說這就不是我的工作，然後閃人。」

(2) 定期定義工作範圍

我：「那我們可能要重新定義他的工作範圍，他想的可能跟你不太一樣。你可以問他，他認為自己的工作範圍有多大。之前我還在台積電上班時，也會不定期檢視自己的工作權責，因為當組織變大或產能變多時，工作事項會變得龐雜。」

A：「我們部門以前確實沒那麼忙，事情沒那麼多。我可能要跟上級討論現在的工作範圍不夠明確，或許有些任務不是要他下去做，而是要他跨部門溝通、追蹤進度。」

(3) 適度工作輪調

我：「工作輪調也是一個方法。」

A：「這之前我主管也提過。他說：『可以直接把他調走，但你要找一個人重新練兵。』我那時沒有馬上同意，還想再試試其他方法。」

我：「好，工作輪調本來就是一種做法。管理就是要成事，如果可以讓能力強的人當你的左右手，就不用總是提心吊膽，不確定事情完成的品質或進度。」

(4) 邀請上級、下級參與部門會議

我：「溝通了那麼多次，都還是如此，我想重點還是在態度，對嗎？」

A：「是。」

我：「那或許可以試著冷凍他。讓他感受到，原本你在關心、引導他，現在態度轉變了，藉此來觀察他後續是否改變。另外，你的上一層級、下一層級，偶爾都能來一起開會嗎？我之前在台積電，副理跟下面的人開會時，可以邀請上級經理列席，由你指派小主管報給經理聽。畢竟你會往上升，這幾個人終究有一位會接你的位置。這樣你們經理就會清楚看到，誰的態度與工作表現好，誰不好。」

(5) 事先準備問題

在一旁的侯安璐老師，也從她的角度提供了不同面向的觀察。例如，在跟對方談話前，可以事先準備問題，讓雙方重新對焦。因為兩邊已經交手多次，對方態度消極，因此要事先設計準備一些提問，然後適時停頓，才會有機會聽到他的想法，理解他的世界，引導他走向共識。

在討論過程中，如果對問題沒有共識，一方認為不是問題，一方卻堅持這就是問題的話，則可以用AIG方法對焦，可以問他：你認定的工作目標是什麼？你設定這個工作預計達成日是何時？如果沒有達成，影響了什麼？這項任務的完成品質為何？就你目前看，現在有落差嗎？如果還有下一次，你會想要怎麼調整？

(6) 依據激勵類型驅動對方

此外，安璐老師也提及可以試先了解對方的「激勵驅動類型」，以激發他的動能。有些人屬於正向激勵驅動型，即以鼓勵、嘉獎方式就能引導對方做出主管期待的行為；有些人則是反向激勵驅動型，傾向逃避風險與損失，主管應依個人的特點與需求對待。驅動模式沒有好壞之別，只有類型不同。

舉例，對方可能沒有任何動機去主動完成目標，但主管卻積極鼓勵對方爭取機會，這就不會引發正面效果。若主管能轉換成對方的思維模式，以「避免更大風險」的做法當成訴求（如疫情正在讓市場快速改變，需要累積核心實力），更可能成功溝通。

最後，除了上述六點，也可以拉高層次思考：這件事真的只是這單一部屬的問題嗎？會不會即使換了一位部屬，沒過多久，也會有類似的問題發生？若是如此，是否有可能從其他制度、結構面向，循序漸近去強化或補強？是否有員工個人以外的問題（如流程問題、團隊問題）？這些狀況是否可以從團隊的工作流程、工具進化、團隊整合、文化改善、主管本身領導效能等面向處理？

讓自己跳脫個人案例，回扣問題本質，此時問題的核心便轉為如何提升團隊效能，協助公司的營運效率。若從這個角度廣泛思考，就有更大的改善空間。

Chapter 5

台積電主管的管理領導課

外界可能認為台積電員工都是高學歷人才，團隊績效自然好。其實剛好相反，當你在帶領一群菁英時，每個人各有想法，且主觀意識都很強，是否能領導這群人達到更好的績效並不容易。

過去在台積電時，工程師升上副理，公司會安排一系列的必修課程。副理升部門經理，要修中階管理課程。部門經理升處長，則要上高階主管管理課程培訓。

我在台積電接受管理培訓時，有一門課是由公司的高階主管直接授課，課程名稱為「管理領導課」，這堂課至今還是讓我印象深刻。

大家想像一下，平常跟你在工作上有很多互動的高階主管，突然在課程上擔任講師，與你大談自己的管理跟領導心法，如何帶領團隊達成組織任務。你會有何感受？我在聽完這堂課後，有了更多的換位思考，開始想「難怪他以前是這樣帶我們的」、「原來他背後的想法是這樣」。這對剛升上主管的我們來說，受益匪淺。

這類管理課程通常不會有太多理論，全是主管的實戰經驗。而講師主管傳授的經驗，在部門推動時都相當成功。我歸納成四大管理心法：

1 思考組織的問題與方向

身為部門主管要時常逐步思考三項問題：**目前工作的主要問題是什麼？部門目前最重要的三個問題是什麼？組織未來的問題是什麼？**從這三個角度思考組織現在與未來的方向。

首先，思考自己此時此刻的工作，有哪些主要問題，約三到五項；接著，站在部門角度，思索你覺得部門目前最重要的三個問題是什麼？前兩項想的都是此時此刻的問題，重複也沒關係。最後，想第三項問題，對於整個組織而言，你覺得未來一、二年，可能會出現什麼問題？

重點是，在思考這些問題時，其實不要只考慮目前你身為主管的自身問題，而是要

站在部門的角度來思考；另外也不能只看現在的問題，也需要**著眼未來**的問題，現在就未雨綢繆。

如下圖舉行銷部門的案例來說明，如何應用三項問題釐清優先處理事宜。

當時講課的主管建議每半年就重新思考一次組織跟部門的問題跟方向，因為公司進步很快，部門的方向跟問題會不斷產生且需要調整。一般同仁不會看到這些面向，但身為主管要時刻放在心上，因為組織

圖表 1-4 主管要思考的三項問題，以行銷主管為例

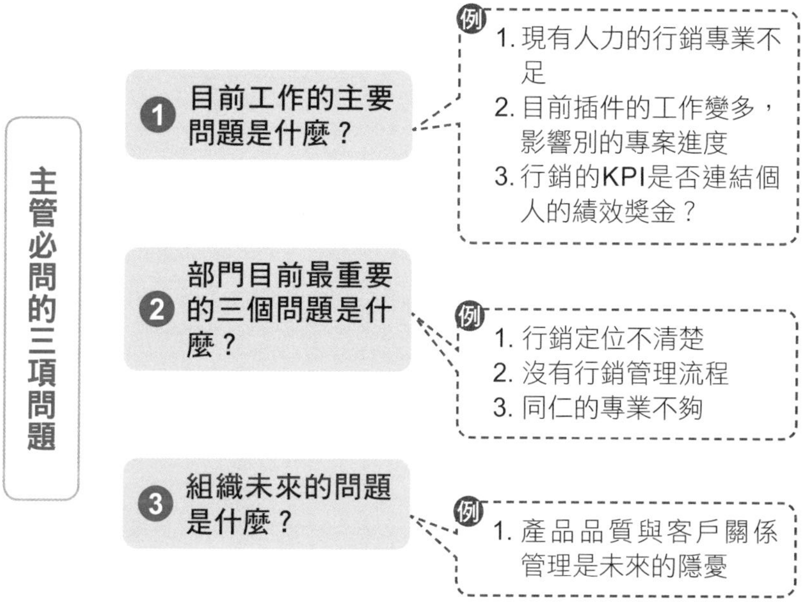
主管必問的三項問題
1 目前工作的主要問題是什麼？
例
1. 現有人力的行銷專業不足
2. 目前插件的工作變多，影響別的專案進度
3. 行銷的KPI是否連結個人的績效獎金？
2 部門目前最重要的三個問題是什麼？
例
1. 行銷定位不清楚
2. 沒有行銷管理流程
3. 同仁的專業不夠
3 組織未來的問題是什麼？
例
1. 產品品質與客戶關係管理是未來的隱憂

或部門的方向一旦錯了，所做的事情就會全無價值可言。

2 決策的管理心法

部門開會有爭議時，主管要記住：不要當下做決定。當下所做的決定有極高的機率是錯的，建議回去再想想，也可以找其他主管討論請教，事後再公布決定，接著全力執行。有些主管做決策的心態會將公司當成自己的事業來經營，自負盈虧，這樣的態度會幫助管理者做出更正確的判斷。

相反地，有時會議上大家意見一致，主管卻會突然跳出來，提出迥異的意見，要求大家回去重新思考、搜集資料，再找時間開會。

例如，當團隊在會議上已達成共識，決定買新機台時，主管會說：「如果現在不買，產能真的做不出來嗎？請大家再回去想想。」明明之前已經做了很多研究，也到了拍板定案之時，卻聽到這樣的反向聲音。過去，我遇到這種情況都會很生氣，總覺得主管故意找碴，明明有共識卻要我們重新思考。

但在管理領導課時，主管就針對此深入說明：當大家意見一致時，主管的意見要反向。「反向」的目的是鼓勵大家重新思考決策全貌，才不至於所有人的思路往同個方向飆。討論時，意見有正有反，從事後論的角度來看，往往會創造出更好的決策。

用MFRT來管理

我把主管在決策時的管理心法，加上這幾年自己體會的管理心得，簡稱為MFRT，整理如下：

- **Mindset**：做決策時的心態，要將公司當成自己開的公司，或是站在高自己兩個位階來思考決策。
- **Future**：思考做了此項決策，對未來有何正面與反面影響。
- **Revise**：主管的意見要反向，目的是鼓勵大家重新思考決策全貌。
- **Thinking**：決策時斟酌再三，不要馬上當下決定，建議回去再想一想。

3 協助部屬達成主管任務

主管在課堂也提到：當部屬的工作品質不好時，主管要當黑臉，對待同仁兇一點，促使部屬盡力思考、處理問題。聽完這一段，那時的我才終於明白，為什麼身為主管的他，有時跟我們一起開會會那麼兇了，他真是用心良苦。那時整個教室的同事都笑了起來，一邊說：我們要把這招學起來。

當部屬的工作情況不理想時，主管不一定需要一起執行，但要提出明確指導的方向。只有在工作或專案進度告急時，主管需要跳下去救一把，這樣事情才能完成，部屬也更能同理主管的用心。

其中，台積電的「鯰魚再鯰魚效應」也值得一提。這其實就是「好還要更好，更好還要卓越」之意。雖然大家已經表現非常好了，但主管還要創造危機意識，讓整個團隊績效可以更好、更好、再更好。

例如，例會中主管宣布先前設定的目標都已全數達成，這時應該要開心歡呼才是，但是主管有時卻會說：「以你們的能力，這些目標本來就會達到。應該去想想，為什麼當初目標不設定高一點？這個目標是誰設定的？怎麼會設那麼低？」」

請想像本來員工猜想自己應該會在會議上被讚美，結果主管只稱讚幾句，卻潑出一桶冷水。這就是公司的「鯰魚效應」，目的是希望大家時時刻刻保有危機意識，不斷創高績效。

4 營造向上、向下的管理氛圍

身為主管，難免會有不同意上級主管決策的時候。管理領導課的高階主管表示，若我們認為老闆的決策有誤，他很歡迎勇敢提出，但務必有理有據。

向下管理同樣重要，我們當時剛從工程師升主管，管理團隊難免會遇到工作或資源安排的衝突，這時千萬記住，要好好運用身旁的資源來處理人與事。主管要能促進團隊合作，對部屬的關心及要求要分開，也就是公私分明：對公事有所要求，私下要關心同仁。

當主管講到這時，我真的感受很深。曾經有一位主管，平常上班對我的工作要求很高，時時都盯著我的產出，有時甚至到了嚴苛的地步。但是，私底下他也常關心我，他會問：「假日去哪裡玩啊？」也曾說：「我跟你說，度蜜月一定要去法國，法國真的太美了太美了，會讓你們永生難忘。」有一次我生病，主管也打電話來關心。這些舉動都會讓部屬感到很窩心。

當年我剛升上主管職，馬上就上了一門震撼的管理領導課。這四大管理心法，對我日後的企業輔導與帶領團隊，至今都很受益。品碩創新這兩年也開發了相關課程[4]。身為主管，需要認清自己的工作挑戰，訓練自己如何拿捏好分寸，在嚴格的管理中適時表達關懷，以帶領團隊往前，達成組織的任務。

[4] 升級版—主管管理職能課程（Upgrade Manager Program, UMP）。新時代的主管必修七堂課UMP，包含：效率決策力、數據洞察力、數位流程力、創新領導力、問題解決力、教練賦能力與部屬傳承力。主管用「升級」的思維與方法，希望幫助啟發部屬的動能，進而讓部屬主動積極與主管共同承擔責任，提升整體組織效能。

Chapter 6

跨部門專案難溝通，團隊提速法助你一臂之力

最近與一位高階主管聊天，他突然說，有一件事情困擾他，想聽聽我的想法。

他前陣子與一位要離職的PM面談，結果對方說的話令他非常震驚。那位PM提到，平常解決客戶問題工作，需要跟業務、製造、生產、工程、品管協調、糾纏許久。但各單位配合的積極度不足，常推卸工作。尤其在客戶問題急迫時，PM就會感到非常疲累和灰心。這樣的情況，在他上任高階主管之後，情況變得更為嚴重。

PM的說法讓他很驚訝，他自認用心處理跨部門問題與合作，也在每週會議上，不斷與各部門主管校準，希望解決各部門各說各話、推卸職責的情況發生。除此之外，他也重新做了組織設計，讓所有PM、業務、製造、生產、工程、品管等部門，能夠在專案前、中、後期互相追蹤進度。他以為跨部門合作問題已經逐漸改善。沒想到，年輕PM竟然仍會遇到跨部門合作卡關，而又只是忍著，沒有向部門主管反應。

他問我，有沒有什麼方法或培訓課程可以協助改善上述狀況，讓公司同仁在解決客戶問題時，能夠確實成為團隊？又我之前在台積電工作時，是否也有類似的問題？當時如何解決？

我們公司有一套「專案管理整合力」相關課程[5]，另外，我也和他分享了幾個方法，有些是之前在台積電工作時學到的，有些則是從我們曾協助的中小企業案例中所實證過的內容。

1 推動客戶至上的概念

在組織中，推動客戶至上概念。提醒同仁企業之所以存在，是因為有客戶需求，沒有客戶就什麼生意都沒得做，所以大家必須有共識，合力解決客戶的問題是最優先、最

[5] 專案成敗的靈魂人物是 Project Leader，最少需負五〇%的成敗之責。「專案管理整合力」課程中，傳授自我定位的心法與手法、專案團隊成員資源整合、如何帶領團隊達成專案目的、向上管理、橫向溝通整合、會議管理等與整合力相關的實務重要方法技巧。

重要的。

為了讓員工形成共識，可以在公司內部推動客戶至上活動。我在台積電時，當公司要推動任何活動或概念時，都會辦很多場同仁溝通大會，並配合線上課程，確保所有同仁的認知一致。

以下分享公司推動客戶至上活動的方法：

(1) 舉辦客戶至上小故事競賽

透過持續改善競賽，觀摩公司內部優良服務客戶至上的案例，然後把這些好案例，跟各部門分享，讓大家學習；相反地，負面案例也可以由各部門自行宣導，讓同仁盡量避免重蹈覆轍。

(2) 製作宣傳海報

很多觀念需要不斷強化，才有辦法深植於心中，因此可思考客戶至上的標語，例如：「不斷提升客戶的滿意度是我們工作的目標」、「客戶至上是每個人做事的準則」

等，透過製作海報跟小卡片來不斷宣導。

(3) 製作短影片與線上課程

邀請高階主管製作十分鐘以內的宣導短片，也會請權責單位製作約一小時左右的線上課程，且要求全公司的同仁必須在一定的時間內完成，上完課後還要通過考試才能過關。部門的單位主管也可利用例行性會議，抽查同仁上完課程後，是否真正落實於工作。

(4) 將此當成當年度公司專案改善的重點

以前在台積電時，我記得公司都會將每年的營運重點當成當年的口號，且接下來的所有持續改善專案的主題，全都會跟它有關。

2 改變開會參與的人員

曾經有一位企業主管，跟我分享他指派工作負荷較小、工作較不積極的同仁參加跨部門會議，卻因為他們參與會議意願很低、態度不好，往往都被其他主管抱怨。因此，我建議每個部門找幾位特定且主動積極的人，固定共同參與跨部門相關的事項會議，直接提升層級，向老闆直接報告。

開會時，各部門的共同參與者可以適度接下工作任務，但不是自己部門的工作就不要承接。除非真有需要，且在個人能力範圍內，可以主動任事，同時請對方知會主管，增加此項工作任務。

3 增加跨部門專案

我曾經遇過跨部門溝通機會很少，各部門單打獨鬥的公司，他們往往只是把自己的例行工作完成，就算真的遇到跨部門問題，他們也習慣忽略，裝作不知道。

跨部門溝通不容易，但碰上問題，卻根本不想去溝通的狀況更為棘手。針對這類情況，可以有意增加一些跨部門專案，迫使同仁在專案過程中認識其他部門的同仁，了解其他部門的工作跟性質。陣痛後、久而久之，組織內的跨部門交流，就會愈來愈順暢。

此外，也可以在制度上將執行跨部門專案納入績效表現，在制度、資源上鼓勵同事參與專案。

4 分享文章，不定期舉辦跨部門的討論會

早期我工作時，常會在部門影印機旁看到給主管閱讀的二、三十頁的文章或市場趨勢報導。公司的用意是希望讓主管每週吸收與管理、領導及市場思維相關的新知。

主管也可以找時間，讓大家討論：文章提到的企業痛點跟公司像不像？提及的技巧是否可以在公司應用？目前同業發生了哪些事？公司怎麼因應跟部署？也許這樣的討論會可以讓本來較為被動參與的主管，慢慢轉為主動。

5 平時累積陰德值

若你是一般基層員工，無法影響公司組織配置，也可以試試累積陰德值。平時如果

有其他部門同仁，請求你幫個小忙，就算雙方交情不深，我也會建議：只要時間許可，就去幫吧！這些小小的善緣會累加你的陰德值。某天換你需要對方部門協助時，跨部門溝通一定會更加順暢。

Chapter 7

遇缺不補，團隊怎麼做才不會狂加班

一個在科技業上班的朋友先前跟我抱怨：疫情緣故，公司訂單少了很多。而同事剛好在這段時間轉職，部門從六人變四人，現在還遇缺不補，真的有苦難言。他問我在幫企業輔導時，是否遇過這樣的問題？如何協助企業解決？我在前公司，以及之前輔導的公司，都曾遇過類似的問題。我整理了當時採取的幾個措施，加上近幾年的經驗，歸納出三個方式，提供對方參考。

1 開啟提升效率專案

少一個人力，其他人的工作量勢必增加。本來不用加班的，現在可能天天加班，這確實是惡性循環。

我建議他們先成立提升工作效率的專案。由同仁自己組成，每天花三十分鐘開會，思考哪些工作還能再提升效率，或者再簡化步驟，大家腦力激盪想方法。利用專案團隊的運作，讓同事互相支援、討論，就能在同事之間形成一股「朝同個目標邁進」的氛圍。工作氣氛活絡，效率會隨之提升。

我曾經有一段時間的工作項目，是協助會計計算部門每月的營收獲利狀況，而且當月月初就要計算上個月的數字。當時幾乎相關部門都需要加班，每次來來回回都需要花我十幾個小時以上。後來，為了解決問題，我跟會計與定價部門合作，成立了建立自動報表系統的專案，由於大家都會受此問題影響，所以成立目標一致，就是要減少每月一次製作報表的時間。系統上線後，變成大約只要五分鐘就可以完成，效率顯著提升，後來也因為這個專案，我與別部門同事變成了好朋友，往後的工作默契也愈來愈好。

2 小助理支援例行性工作

每個人都有例行性工作（如每日工作報表），這些工作可以化為標準作業程序，請公司內部的小助理、工讀生協助完成。同時，也可以尋找更高效率的方式做事。例如：原先用 Excel 製作的報表，也許可以用 Power BI 取代，加速報表產出。

如果公司從來沒有小助理這樣的角色，則可以從另一種角度思考：招募小助理加入團隊，是不是能讓工程師做更有價值的事？如果例行性事務沒那麼多，也可以讓多個部門共用一個小助理。

3 重新盤點、整合資源

趁這個時間點，重新檢視部門使命。任一個部門的存在，都有其使命。藉此機會，聚焦部門使命並重新釐清每個人的工作項目，也許就會發現，有些工作內容確實值得討論，也有些確實並非部門該做的事。

當時，這位同仁就說：「其實有兩個工作項目應該由其他部門負責，只是一年前，不知道為什麼被轉介過來，變成我們在負責。現在重新想想，這些工作真的不是我們該做的。或許可以跟其他部門主管協商，趁這個時間點，把這兩個工作轉回合適的單位執行？」

屬於部門負責的工作，也可以依**重要性**、**緊急性**重新安排順序。在人力短缺的狀況下，有些工作順位可以延後執行，對整個部門也無傷大雅。

舉例來說，我當時發現，這個部門正在執行一些專案。專案和日常工作擠在同個時間，已經缺乏人力，還要維持專案品質，真的會讓人喘不過氣。因此，我建議他們跟專案主要負責人協商、檢視有沒有哪些工作可以重壓交期。討論過後，果然有兩個專案可以往後延三個月。空下來的時間，就可以去支援其他緊急又重要的工作。

除了重要性和緊急性，也需要盤點各項工作所費工時，重新梳理工作流程，花時間討論工作流程最佳化，把多的時間騰出來，重新組合部門資源，就有更多時間和餘裕處理工作。

Chapter 8

育才思維：領導心法，魔鬼藏在細節裡

當年在台積電工作時，公司內部有很多細節做法，我都視為理所當然，直到離開台積電、自己創業，接觸了很多企業、認識了一些高階主管後，才發現當年在公司看到習以為常的事，一點都不平常。

我也才慢慢體會，這些細節背後都有著強大的領導思維。這些做法有很多是從人性出發，管理、同理人性。而「以人為本」的文化，就是從各種小細節扎根所建立的。

1 將培訓課程安排在上班時間

公司非常重視教育訓練，我每年都要上一些選修、必修課程。而這些課程都安排在上班時間。我在公司十年多，從沒一次是在假日上課。

當時，我認為這很理所當然，但離開之後，才發現這也是一項員工福利。許多企業對培訓時間斤斤計較，因此把課程安排在下班、假日時間。他們認為如果安排在工作時段，平時事情都做不完了，還要求員工上課，這會引發學員反彈。

但台積電的做法是盡可能安排在上班時段。因為公司認為下班就是與家人相處的時間，如果因為培訓導致工作無法完成，那可另找時間，或者運用代理人制度，不至於因為培訓而嚴重影響工作。

2 減低資訊落差，員工不晚於外部單位得知營收狀況

我當時觀察到公司發布上個月的營收報告，感覺都會確保內部同仁不晚於外部單位（如媒體）收到消息。

很多公司都會說：員工是最重要的資產，但公司說一套、員工感受到的卻是另一套。如果員工是從外部管道才能得知內部訊息，這之間會產生很大的資訊落差。有資訊落差代表公司對員工的重視程度不足。當年台積電的做法讓同仁認為：公司做任何事，

一定把員工擺第一位。

3 建立發送員工分紅通知單的儀式感

公司若要給你十個月的獎金，這十個月的獎金會直接匯進你的戶頭？還是很慎重地列印出每位員工的分紅通知單，由單位主管一一親自發給你，當面謝謝你？

記得當時在公司時，我拿到的員工分紅通知單，上面寫著滿滿的感謝：「感謝您及同仁們的努力，本公司全年的營收及獲利都再創高峰。很開心通知您，今年的分紅獎金，您將獲得現金○○元，以獎勵您的貢獻。」

當然，這可以說只是一種形式上的做法，印在通知單紙本上的文字可能也是從某個範本複製、貼上的，但這帶給員工的感受，絕對比單單戶頭上的一行數字更令人印象深刻和感動。

4 公司內雖有階級，但階級感並不明顯

很多公司很在意職位上的稱呼，同仁跟高階主管相處時，也很明顯會感受壓力，覺得戰戰兢兢。

在台積電工作那段時間，我們不會直接以「副總」或「協理」稱呼高階主管，而是以英文名或綽號稱呼。舉例來說，當時我的單位裡有一位處長，大家習慣叫他龍哥。台積電的處長其實職級滿高的，大概相當於外面公司的總經理，但我們很少稱呼他處長。

稱呼影響人際互動，當我們不用職位稱呼對方就不會感覺那麼有壓力，也比較不會排斥與對方溝通。而像龍哥這樣的稱呼，更增加了情感成分，拉近了彼此的距離。雖然公歸公、私歸私，但以英文名或綽號取代職位的稱呼方式，有助於下屬與主管的相處更融洽。

5 透過每季溝通大會了解公司狀況

我相信如果不是高階主管，一般同仁很難了解公司的市場狀況。以上市櫃公司來說，想知道公司的營收表現、未來市場預期、產能狀況，很多人只能到股票市場上去找資料。

當初我在台積電時，公司每季都會舉辦溝通大會。與本章第二點透過 E-mail 公司單向布達訊息不同，此處的溝通大會是指讓雙向討論、溝通公司的整體事務。此會議大多一季舉辦一次。開溝通大會時，一般由高階主管簡報約二十分鐘，跟員工報告公司整體狀況、未來市場趨勢、景氣變化，有時也會傳達時任董事長張忠謀先生想要告訴員工的訊息等，讓所有同仁了解公司脈動。而且，會預留時間讓公司和員工雙向討論。

這樣做的好處在於，同仁可以感覺到公司的重視，同時更清楚公司和市場的脈動，使員工更有衝勁跟目標。

這類以人為本的管理細節很多，上述五點是我印象最深刻，至今也仍影響我非常深遠的。

很多人可能會認為，是因為台積電現在名氣大，所以好像做什麼都是對的。但請各位再仔細看看以上五點心法，背後指向的是非常根本的、公司在經營上對員工的尊重態度。

這幾年，台灣有非常多公司都想學習台積電的管理方式，希望成為各領域的台積電。以上五個細節其實就是領導心法。有了心法，公司就有方向讓員工覺得備受重視，公司就能繼續穩健、持續地成長。

Chapter 9

留才思維：如何留住企業最重要的資產？

幾家企業的高階主管曾不約而同問我：公司花了幾年好不容易培養出優秀人才，卻害怕留不住他們。主管們想知道其他公司怎麼做，尤其是台積電，他們想標竿學習。

他們發現公司過去幾年在高速成長，但同仁能力卻沒有跟著提升。公司過去都是個別指導，直到這幾年才開始全面性的培養人才。主管都可以感覺到，同仁的能力因此被系統性的快速培育出來了。

對這些好不容易提拔起來的關鍵人才，公司投入了非常多的心血跟成本，若他們真的離開公司，對公司會造成很大的損失。而人才也不易外求，因為每家公司都有各自文化，就算外求也可能水土不服，很快陣亡，因此公司都希望可以從內部有系統的打造人才。

這個問題讓我回想起台積電的情況，台積電有很多人才沒有離開公司，願意跟著公司一起成長。我想根據自己的觀察，提供一些建議：

1 員工能力若能被看見，價值就會提升

同仁工作能力是否能被主管看見相當重要。主管可能因此給下屬更多肯定，而我們也會因為這樣的肯定，願意更努力。當你的能力持續被看見時，價值也就會提升。

在台積這樣的公司裡，此點更加明顯，當你的能力被看見之後，就會在公司產生兩種價值：

(1) 實質價值：

這裡指的是薪水或分紅。如果你的工作表現非常好，加薪或分紅一定會是一般同仁的好幾倍。這樣的設計是要讓價值「有感」。舉例，年資相同、學歷一樣的兩位同仁，其中一位工作表現非常好，另一位工作表現平平，分紅可能會差新台幣二十到三十萬。

(2) 職位晉升：

我還在台積電時，公司有個「young talent」的制度，有能力的員工能夠打破一般晉升年限，在短短幾年內升上管理職。簡單來說，只要你能力夠強就可以升職。就算不是管理職，公司也會提供類似技術主管、專案主管職位，雖然手下不管人，但這個頭銜能讓你走出去抬頭挺胸，畢竟在台積電升主管並不容易。

2 若員工有更多成長的舞台，會覺得工作更有成就感

公司內部若有很多競賽活動，例如：持續改善活動競賽、創意發想競賽。為了在競賽得名必須投入很多時間，也會得到很多協助。雖然過程辛苦，但如果每次都能在競賽中拿到前幾名，那種成就感有時會比實質的金錢來得有意義。

此外，若公司有例行性工作輪調制度的話，不管你在什麼崗位，是工程師還是主管，每隔幾年大主管就會來一次大風吹。這表面聽起來很殘忍，但其實是讓每個員工在工作上有更多的學習舞台，而不是同樣的工作一直做、重複做，完全沒有挑戰。

台積電搭建的各種舞台中，還有一個是創新專案的執行和實現，這讓工作不至於一成不變。那時主管規定我們，希望每年執行的專案中，有一〇到三〇%是做從沒接觸過的業務，這對當時的我而言是非常好的學習，工作內容起了變化，也不容易厭倦。

3 公司不斷成長將增強員工的榮譽心與凝聚力

當時，公司同仁流傳一個分紅公式，當公司賺錢時，只要透過這個公式，大概就能算出多寡。簡單講，只要你工作努力、公司賺錢，你領到的分紅也會愈多。根據二〇二二年六月三十日台積電發布的《永續報告書》[6]指出，民國一〇六年至民國一一〇年每年年度人均薪資福利費用，由新台幣兩百一十四萬元，增加到兩百五十三萬元。而民國一一〇年度的數字，台灣新進碩士畢業工程師的平均整體薪酬高於新台幣兩百萬元。

當公司知名度提高，同仁在工作上也會有很強的榮譽心，甚至會以上班為榮，就能創造

[6]《台積公司民國一一〇年度永續報告書》可從此處下載：https://esg.tsmc.com/ch/update/general/news/13/index.html。

良性的循環。

除此之外，同仁與主管的凝聚力也很強。我記得，當時每半年單位內都會舉辦球類競賽，有時還有大型烤肉活動。不要小看這些活動，這都是凝聚團隊向心力很棒的催化劑。

企業在培育人才後，會擔心人才流失，這時候就要回到更核心的問題：如果公司是以世界第一為願景再努力，那什麼才叫世界第一？世界第一就是市場占有率第一，營收跟毛利也跟著往上衝。在這樣的目標、前提下，公司一定要留住關鍵一流的人才。唯有一流人才留在公司，他們才有機會形成強大的團隊，幫公司推向國際的舞台，成為世界第一。

所以，為了留住關鍵人才，高階主管應該有魄力去思考如何讓人才為公司奉獻，還有公司應該付給他們哪些額外的價值，好讓他們願意留下來跟公司繼續奮鬥。

Chapter 10

打造讓公司和員工都持續改善的文化

這幾年下來，有幾位董事長與總經理不約而同對我表示，公司遇到以下問題：訂單能見度很高，未來幾年成長速度可望加快，但公司同仁的能力卻沒有相應提升，組織能力隨之停滯。因此，就算訂單不斷進來，公司也無法消化，看得到，吃不到。

其中一間公司的執行長也提到公司很重視員工培訓，但是同仁上完課後，幾乎都忘記了。一旦要解決工作問題，還是不自覺地依賴過去經驗，用自己熟悉的方法，只有少數同仁會持續將課程所學運用到工作上。內部主管一致認同，課程有其極限，他們希望能找顧問，實際提升公司同仁的解決問題能力。

另一間Ａ公司的執行長也知道我的團隊擅長ＰＪ法、建構與優化持續改善文化。後來，我們開始跟Ａ公司合作。他們不只導入了解決問題的方法或工具，而且選擇建構持續改善文化，推動PCIT活動。讓這些方法跟工具，能在公司內部生根，形成學習型的組織文化。

從八大構面建立持續改善文化

早期在台灣推動持續改善活動，簡稱為「QIT活動」（Quality Control Circle, QCC activity），後來有些公司稱為「專案改善」（Quality Improvement Team, QIT activity）。台積電則稱為「CIT活動」，此為「持續改善團隊」的縮寫（Continual Improvement Team），有時也因為公司進程和專案不同，稱為 Continuous Improvement Program 或 CIP activity。雖然名稱不同，但是目的都一樣，就是藉由各種改善手法協助公司改善品質及提升客戶滿意。

我相信很多公司或多或少都曾推動過類似活動，但若沒有全公司推行，就只會限縮於某些部門，或者是出現在制度上無法支持、沒專人專職負責的問題，也就是並沒有把持續改善活動當成公司文化在經營。

這幾年我把台積電的CIT活動，融入實際輔導的經驗，也增加教練式的方法與企業變革的技巧，因此跟目前企業在推動持續改善活動有些不同；為了區隔，我們簡稱為「PCIT 活動」（Plus Continuous Improvement Team Activity）。

PCIT 活動是透過公司內部找從事相似工作性質或跨部門人員組團隊，憑藉著訓練、運用各種改善創新、教練式、專案整合的方法，希望持續改善各種問題，讓團隊促成改善的文化，使每位成員從內在認同並發揮潛能，進而養成善用工具、系統性思維的習慣與強化問題的解決能力。

如何推動持續改善文化呢？我們花了四年的輔導時間，精鍊出八大構面來建立公司的持續改善文化，換言之，就是在這八個面向，全面幫助企業養成文化。其中，我們透過持續改善活動的推行，讓 PCIT 活動成為公司持續改善文化的支柱，以下分別說明這八大構面的內容。

1 教育訓練：學習解決問題系統性的工具

學習完整的問題分析與解決的工具，如：8D、why why 分析法、層別法等，不同問題類型會搭配合適的解決問題工具，也有改善專案可實際練習；建立並內化公司解決同時把這些工具方法設計成新人訓練與同仁晉升的必修課程。

2 建立完整 PCIT 活動運作體系

建立持續改善的辦法與運作模式，辦法中還包含了 PCIT 活動的競賽規則，希望透過一年一度的競賽形成公司 PCIT 文化。為了讓公司各個部門互相競爭與學習，因此在競賽中除了頒發個人獎之外，還需要設計部門獎項，也鼓勵 PCIT 活動，每年需要有一定比例增加競賽的組數。

3 培育組織內的關鍵人才

透過組員、組長、輔導員和講師培訓與輔導方式，強化員工解決問題與主管培育指導的能力。這些培訓都是一系列的養成計畫，通過後會頒發合格證書，同時也建立內部專業課程種子講師、專家種子群，並在活動過程中發掘潛在人才，以協助進一步的人才養成，這些人才對於公司未來 PCIT 的運作會發揮極大的貢獻。

4 建構 PCIT 相關的知識庫

創造互相學習分享的文化及知識管理平台。知識平台內容應該包括所有解決問題工具的介紹、相關專案改善案例、每年競賽相關案例、其他產業的案例、相關文章的資料、相關競賽的影片、歷年所有案例的資料庫、培訓的相關課程等。當同仁遇到問題或想自發學習時，可以將知識平台當成學習與觀摩的寶庫。

5 創建晉升及獎勵制度

為了激勵優秀員工，公司必須將參與持續改善專案的同仁表現，完善列入晉升及獎勵的獎勵機制中。如果參與持續改善專案的同仁能得到很好的名次，也可以鼓勵對方代表公司參加全國競賽。在獎勵機制上，可以設計組長、輔導員獎項，或者是更厲害的達人獎。例如，有同仁在三年內參與持續改善專案，曾經兩度獲得多次，以激發同仁有更好的表現。

6 建構專人專職或推動小組負責 PCIT 活動

很多公司都在執行類似持續改善的活動，但並非公司傾全力推動，更不用提沒有專人專職的制度支持。目前大部分公司的現狀是，負責員工大多為兼差性質，因此不太有可能投入全副心力，因此由專人專職負責或成立推動小組至關重要。若與員工的績效指標相連，負責同事就會無時無刻不在思考該如何讓整個活動更好。此外，其他同仁若有任何問題與想法，就很清楚要尋求誰來協助。

7 將 PCIT 的方法和工具落實於日常管理

很多人以為參加 PCIT 活動的專案，才會使用系統性的方法跟工具，但針對平常工作遇到的問題不必使用。這個觀念是錯的，因為唯有將參與專案所需的工具跟方法，落實於自己的日常管理中，才能培養公司產生持續改善文化。

公司希望的目標是所有主管都對這些工具、方法打從內心產生認同，而且游刃有餘，因此平常就需要主管要求同仁使用，時時刻刻檢討同仁落實的狀況，然後不斷持續改善。

8 成立 PCIT 委員會

透過成立 PCIT 委員會，持續優化、改善相關辦法與運作模式。委員會成員是由部門經理及高階主管組成，不定期針對 PCIT 的議題討論，藉以達成共識。初期委員會開會的頻率可以密集一些，因為討論事項比較多，慢慢上軌道之後，就可以降低次數。

PCIT活動至少帶來四效益

台積電推動持續改善活動的目的是，提升整體組織的問題解決能力，多年來匯集了一本大概一百多頁的持續改善活動的指導手冊，可說是台積電的《聖經》。我們也協助企業建立自己的 PCIT 指導手冊，希望使同仁能夠順利進行 PCIT 活動，並純熟運用於改善過程。

此外，透過從公司內部建構企業種子團隊，讓員工可以藉由日常實務可用的工具開始學習、運用到內化，同時一步步藉由實作與親眼目睹改變，循序漸進讓心態和思維由內而外產生改變，就能養出新文化，讓大家願意挑戰不容易走的路。

PCIT 活動能協助公司建構與優化持續改善文化，並至少帶來四項效益，如下：

1 提升同仁邏輯思考與解決問題能力

執行 PCIT 活動，必須學習系統性的思維和工具，公司不僅希望透過培訓課程賦能，也期盼讓員工在平日工作就慣於使用，長時間浸淫在這樣的氛圍中自然就能提升個人的相關能力。

2 幫助公司培育人才、延續文化

在執行 PCIT 活動中，會配置內部講師、輔導員、小組長。因為公司將課程跟晉升聯結，而且新人也都要接受培訓，因此公司就得透過建立內部講師的機制來培訓人才。輔導員的工作是輔導每個 PCIT 案例，當大家在運作過程中，對於工具方法不熟時，都可以請教他們。小組長就是專案領導者，整個專案要成功，小組長占非常關鍵的角色。上完培訓課程後，小組長就知道怎麼分配工作，如何有效開會，在向上跟成員管理都具備一定的方法技巧。

公司可以透過 PCIT 活動發現優秀人才並善加培養，例如將小組長晉升為主管，而公司也會因為有這群人才持續推廣，而形成文化。

3 強調團隊合作及顧客導向的文化形塑

一般公司在解決問題時，比較本位主義，較少有跨部門的合作機會。若公司執行 PCIT 活動，就能增加跨部門合作的機會和專案數量，對組織具有高度效益。

另外，員工在解決問題時，比較習慣只看眼前，不太關注客戶到底在乎什麼。因此只要跟客戶有關的專案，我們都會要求同仁去了解客戶需求、目前市場的變化，必要時做問卷調查，甚至有些跟客戶相關的專案，也會讓客戶參與專案，這麼做可以讓客戶了解目前公司著重改善的文化，以及採用什麼解決問題的工具與方法，他們就會更加放心。

4 提升有形、無形的價值效益

公司導入 PCIT 活動後，會針對所有專案評估效益，就能可視化有形與無形的效益，可以分為三方：公司員工、公司和顧客來分析。

公司提供了舞台、給員工磨練的機會，就能建立員工能力、效率和自信心。如果公司本來凝聚力強，只是內部溝通太過平和，缺乏連結性目標的話，若能加入PCIT活動，團隊合作有共同且具挑戰性的目標，得以讓跨單位合作、創造綜效。

因為PCIT文化要求團隊以顧客角度為出發點，思考如何在各種改善專案題目上，創造顧客滿意度，因此同時能創造營收及品牌效益。這樣的高度和過去以部門改善為出發點的邏輯，大不相同。隨著客戶服務跟客戶滿意度愈來愈好，也會帶來公司的營收成長。

Chapter 11

專案管理的進階①：從評估、控管、執行，養出專案超強執行力

前些日子，跟一個負責研發、執行新品開發專案的企業主管聊天。他表示公司每年會做五十個新品開發專案，但因專案數量太多，底下的工程師都非常忙碌，且大部分同事都每天加班。

我問他：「你們新品開發的專案數量那麼多，最後成功比例大概多少？」他答：「一年五十個案子，真正成功上市、為公司帶來營收的，不超過五個。」換句話說，他們公司每年四十五個專案是失敗收場，比例高達九成。

我很好奇，繼續追問：「一開始你們怎麼評估專案？如何決定要做或不做？」他老實告訴我，其實他們沒什麼評估，因為大部分都是老闆說要做，大家就做了，不會多問「為什麼要做」，也不說「這看起來會失敗，能不能不做」。他說，這幾年下來，大家

做得很辛苦，底下的工程師也快要留不住，流動率很高。

五十個專案命中五個，成功率是一〇%；如果總數減少到二十個專案，同樣命中五個，成功率就會上升到二五%。如果在最初專案評估階段，就篩掉不會成功的案子，讓專案總數變少，成功率上升就能達成雙贏。

專案評估這樣做！

我在台積電工作時，每一個專案都要清楚評估。一旦評估結束，確定要執行，就必須使命必達，讓專案如質如期完成。

但專案怎麼評估要不要執行？如果是建廠專案，前期考慮的項目，包括未來幾年的產品需求、人力如何招募培訓、土地怎麼取得，以及水電供應的問題。假若是人資部希望發展出創新的招募方式，那「為何要做」、「效果如何」、「是否值得」、「需要多少人力」，就會是專案的評估考量項目。

從上面兩個例子，你會發現專案評估依據屬性有不同的考量，因此難以直接類推。

不過，專案評估確實有一套既定步驟可以遵循、思考。

下面四步驟是我在台積電工作、學習和後來的輔導經驗所累積，有此具體架構，就能正確決策。

①**需求背景／動機說明：**為什麼要做這個專案？是否看到什麼需求？要解決什麼痛點？

②**外部分析：**市場分析、競爭者分析、標竿學習資源的分析。

③**內部分析：**盤點內部資源與標竿學習的知識。公司是否有適當的團隊與人選？是否有此技術能力？是否有相關資料可參考？

④**成本效益分析：**盡量同時做到量化與質化分析。專案初期要花多少成本？能帶來多少效益？

假設我們要評估今年是否要做「工廠 A 產品線」的自動化專案時，會這樣考量：

(1) 需求背景／動機說明：數位時代來臨，各行各業如火如荼在發展自動化，自動化工廠是未來趨勢。未來尋找人力只會愈來愈不容易。如果能自動化，未來工廠就不需要聘用那麼多人，可以減少招募上的困難。而且，為了確保產品品質的一致性，公司的兩家大客戶也一直提出希望工廠自動化的要求。

(2) 外部分析：在「市場分析」上，發現公司產品，在未來十年每年都會有八%的成長。關於「競爭者分析」，目前公司有兩家競爭者，早在兩年前就已經把生產線自動化了，而且這幾年也不斷在擴廠與招募人才。另外，也發現三家的潛在競爭者，正打算用低價方式進入此市場。在「標竿學習資源的分析」部分，這幾年很多大型企業都已導入工廠自動化，也許可以去接洽是否能參訪，跟他們學習，以減少摸索的時間。

(3) 內部分析：公司內部有ＩＴ部門，經調查後發現，有幾位同仁有工廠自動化的經驗且願意分享，只是執行自動化可能還是需要尋找顧問公司協助，可從口碑好的公司中挑選。在內部標竿學習方面，由於工廠自動化專案是公司從沒做過的專案，可研究、搜尋公司資料庫裡是否有從無到有展開新專案的資料。

(4) 成本效益分析：需要請負責同仁，計算成本效益分析，提供可對照的版本，例如委託外商或本土顧問公司計算成本效益差異。

如果每個專案都經過這樣的流程來評估，大家在看過資料後會產生共同語言，也能再深度討論。評估完成後，就接著進入決策、尋求共識，最後開啟執行階段。若評估結束，大家認為這個專案不值得做，公司就不會投入資源，能減少資源浪費。

推行很多專案，卻無法有效控管？

即使慎重評估、去蕪存菁後，可能還是有為數不少的專案數量。這時，我們需要一套系統化、完整的專案管理流程方法，我稱為「AIPECC專案管理方法」，意指透過大幅提升專案目標達標率。這套方法整合了我個人的專案管理知識、台積電實務經驗、兩岸企業輔導經驗，簡稱為AIPECC，是以六階段、三十個步驟，架構出一套系統性方法。

此方法能讓主管依據階段審查進度，讓專案參與者擁有共同語言，將專案結果納入知識管理，建立學習型組織。

學習型組織出自商管經典作品《第五項修練》，意旨可以隨環境改變而適應成長的組織。每家公司都有專案管理的需求，如果企業導入 AIPECC 專案管理方法，慢慢在企業中執行專案時，就有統一的語言，組織就會逐漸養成管理專案的文化。

AIPECC 可分為六階段：評估（Assessment）、起始（Initial）、規畫（Plan）、執行（Execute）、控制（Control）、結案（Closing），相關內容如下：

階段一「評估」：為什麼想做這個專案？當時的背景跟動機為何？評估此專案對客戶和組織策略的影響。

階段二「起始」：確認專案要開始進行，透過專案章程分析、了解整個專案的目標、範疇和專案成員等。

階段三「規畫」：為達到專案目標，規畫所需活動及執行方式，如建立工作分解結構（WBS，可參照第 103 頁）、任務分配的角色與權責等。

階段四「執行」：運用、協調人及相關資源，依照排程執行規畫的所有項目。

階段五「控制」：藉由品質及進度監控，衡量、確保專案目標有效達成，並視情況採取必要之改進措施。

階段六「結案」：正式接受專案成果，完成所有作業，將其納入知識管理，專案成員正式解散。

AIPECC六階段、三十個步驟

重點來了，這些階段都只是指出某個方向，在實際操作的過程中，很可能會不知所措，不確定各個階段要做到什麼程度，才能進到下一個階段。因此，可以針對每個階段列出詳細步驟，而每個步驟再搭配表單確認。按照這系統性的階段、步驟、表單，去掌握專案管理的進度，專案成功機率就會提升。可參考第 116 頁的圖表 1-5。

一、評估階段

(1) 背景／需求說明：為什麼要做此專案，是否出現什麼因果事件，還是觀察到什麼需求或趨勢，這是評估階段裡最重要的步驟。

(2) 市場分析：例如，想切入電動車領域，就必須了解整個電動車的市場狀況，分析在電動車的供應鏈中，哪些是公司可切入的領域，並掌握整個市場供給跟需求的狀況。

(3) 競爭者分析：針對想切入的領域，分析此領域中競爭者的規模、技術和合作夥伴。

(4) 資源盤點：盤點公司內部的資源，包括人才、專業技術、投入資金、策略夥伴等。

(5) 標竿學習：尋找、接洽同業和異業的標竿公司，探詢能否提供學習、諮詢機會。

(6) 初期成本與效益分析：估算專案初期的成本、效益和回收時間。

二、起始階段

(1) 發展專案章程：專案章程是高階主管發給專案領導者的授權書，上面明確寫下專案要達到的目標與成果。日後專案領導者可運用此文件，集結眾多專案所需的資源。

(2) 利害關係人分析：受專案實施或完成而受影響的人，都可以稱為利害關係人。分析他們對專案的支持程度，萬一有很重要的關係人反對時，就需要設想應對的策略。

(3) 高階主管專案共識形成：專案領導者召集相關主管，共同討論、凝聚共識，比方目標需求、時程效益等。

三、規畫階段

(1) 發展專案團隊：尋找專案需要的成員，由於成員可能來自不同部門，因此可請專案領導者，召集相關部門達成共識。

(2) 建立工作分解結構（Work Breakdown Structure, WBS）：專案是由一連串工作所組成，依據「專案目標」及「交付成果」，以分層方式將專案工作分為各項，建議專案成員一起腦力激盪完成。

(3) 任務分配的角色與權責（Role and Responsibility, R&R）：專案工作龐雜，所有工作都需要合理分配，運用 R&R 有助於日後的協調，避免雙方誤會責任歸屬問題，讓每個任務都有做事和負責的人。

(4) 專案成員能力分析：詳細分析每個專案成員的能力，如果發現同仁能力有落差，可趕緊提供必要的訓練課程。

(5) **估算成本**：從每一個WBS來細算每項工作的成本支出，就能估算總成本。

(6) **發展時程與時間配置**：針對每項工作展開時程。目前規畫專案時程的工具，最常用的是甘特圖。如果是大規模、一次性、複雜的專案，或者是非例行性的基礎設施和大型研發專案則使用計畫評核術（Program Evaluation and Review Technique, PERT）。

(7) **規畫品質計畫**：針對每項工作項目規畫希望產出的品質，並且計畫如何達成工作品質的方法。

(8) **規畫溝通計畫**：當同仁對專案有不同的想法時，在規畫溝通內容上，盡量聚焦在專案目的，並以客觀資料佐證說明。

(9) **規畫風險管理**：辨識每項工作項目的風險，一旦發現風險，必須要擬定規避風險的計畫。

(10) **規畫採購與供應商管理**：有些專案必須跟供應商採購物料，此時必須要做供應商管理，必要時還要簽合約，確保雙方承諾。

(11) **成本與效益評估**：與評估階段的「初期成本與效益分析」相較，此處的評估會更為完整，因為此時更能掌握要支出哪些成本，效益會落在哪裡。

(12) **專案計畫最終審定：**到此步驟專案規畫差不多完成，因此要召開專案會議，針對規畫做最後確認。

四、執行階段

(1) **召開專案起始會議：**召集所有相關人員，清楚說明專案目的和效益。

(2) **執行專案計畫：**按照專案的工作分配，分工、執行專案計畫。

(3) **專案會議：**建議專案能夠有固定的會議時間。例如，每週一次，固定時間較有效率。每次的專案都要留下會議紀錄，以方便未來審查、追蹤。

(4) **專案資訊及績效定期發布：**為了讓所有人清楚掌握專案進度，建議專案要定期公布當前成效，就能了解進度是否超前或延遲，是否遭遇什麼困難。

五、控制階段

(1) **管理與審查專案進度：**監控目標進度、品質、使用資源與開銷、人力績效等。

(2) **專案績效量測**：定期分析專案績效，必要時採取應變的措施與向上管理。

六、結案階段

(1) **專案結案總結**：整理專案所有文件，完成專案結案報告。

(2) **專案後續實施及追蹤**：有些專案結束後，會納入日常管理，此時必須做任務交接，以方便後續實施。

(3) **專案延伸問題及後續計畫**：如果專案出現延伸問題，也必須在這個階段一起討論，最後達成共識。

Chapter 12

專案管理的進階②：實作練習

我們在上一章詳細說明了專案管理 AIPECC 方法，在此章中以企業「提高員工餐廳滿意度」的例子來詳加說明，並在文末附上 Checklist 供讀者活用。

一、評估階段

(1) **背景／需求說明**：二〇一八年，使用公司餐廳人數較二〇一七年下降一〇％，但餐廳的客訴件數卻高達二十三項，比二〇一七年多出十件。

(2) **市場分析**：分析其他企業時，發現愈來愈多公司非常重視員工的健康。

(3) **競爭者分析**：調查其他競爭者公司的員工餐廳。

(4) **資源盤點**：盤點公司是否有適當的團隊與人選能處理問題，是否有提高餐廳滿意度的能力。

(5) **標竿學習：**找尋可參考的優質企業員工餐廳資料。

(6) **初步成本效益分析：**大方向估計此專案需要花費多少成本。

二、起始階段

(1) **發展專案章程：**確認此專案的目的，此時的員工用餐滿意度是五十分，公司希望藉此專案將分數提高到八十分；公司的預算上限為五十萬；希望半年內可以達到成效。

(2) **利害關係人分析：**接觸高階主管、餐廳外包的廠商等利害關係人，了解他們對專案的看法。

(3) **高階主管專案共識形成：**企業重視員工健康的趨勢漸長，且公司非常珍惜人才，所以決定推動此專案。

三、規畫階段

(1) **發展專案團隊：**由於餐廳相關事務平常由人資部門負責，因此由人資當專案領導者，各部門指派主管參加，最後專案團隊共來自五個部門：管理、人資、製造、研發和廠務。

(2) **建立工作分解結構：**經與專案成員討論，初步列舉八項工作項目，分別為：①調查員工不使用員工餐廳的原因、②規畫餐廳動線、③訂定食材新鮮度的驗收標準、④制定餐廳人員工作服製作與規範、⑤設計每個月菜色調整的作業流程、⑥安排餐廳料理的標準作業、⑦籌畫維持餐廳整潔的作業流程，以及⑧設定定期規畫餐廳活動，例如聖誕節活動。

(3) **任務分配的角色與權責：**根據上述八項工作項目，以「ARCIS法則」分配工作任務給五個跨部門同仁。

(4) **專案成員能力分析：**由於此專案較不需要專業技術能力，因此不用特別執行此步驟。

(5) **估算成本：** 預估需二十萬左右整修餐廳。

(6) **發展時程與時間配置：** 主管希望半年內可以看到成效，以甘特圖規畫，期待四個月內可以完成規畫項目，後兩個月展開試營運，並根據同仁的滿意度調整。

(7) **規畫品質計畫：** 透過同仁問卷與內部稽核來當成確保餐廳品質的依據，擬定何謂流暢動線、維持餐廳整潔度等。

(8) **規畫溝通計畫：** 針對餐廳伙食部分，由於餐廳伙食是外包的，以前菜色是半年調整一次，接下來計畫每月都要調整，因此需要跟對方溝通清楚。

(9) **規畫風險管理：** 將所有想到的風險納入管理，可採用失效模式與效應分析（FMEA），並針對風險採取必要的預防措施。例如，思考餐廳伙食廠商會不會中途停止合作，初期以簽訂合約來避免，同時也搜尋其他優良供應商備用等。

(10) **規畫採購與供應商管理：** 前者指為確保採購的食材品質，需事先跟供應商開會協商，讓對方了解食材的品質標準。後者是與提供好食材的供應商持續合作，並排除無法改善的供應商。

(11) **成本與效益評估：** 提出完整的成本與效益評估。

(12) **專案計畫最終審定：**最後要把上述規畫做成報告，再向高階主管最後確認。

四、執行階段

(1) **召開專案起始會議：**召開專案起始會議，向所有專案成員報告專案規畫、接下來的開會方式與專案管理流程。

(2) **執行專案計畫：**約六個月。

(3) **專案會議：**每週定期開會了解專案進度。進入試營運階段後，會議上也需提供同仁對餐廳滿意程度的相關資料。

(4) **專案資訊及績效定期發布：**定期向高階主管報告專案成效。

五、控制階段

(1) **管理與審查專案進度：**為了確保專案可以如質如期完成，因此需要不斷掌握專案進度。一旦發生重大問題，就要緊急開會，制定必要的改善措施。

(2) **專案績效測量：**經過六個月餐廳伙食跟環境設施的改善，餐廳的滿意度提高到九十二分，使用餐廳人數提升了一二％。

六、結案階段：

(1) **專案結案管理：**專案結案時必須開會，確保大家對專案成效能具一致性的滿意，再將專案內容納入知識管理。如果公司有E化平台，必須在系統平台上上傳專案內容的檔案，並完成專案結案的狀態。

(2) **專案後續實施及追蹤：**擔心員工味覺疲勞，所以除了先前規的每月菜色調整外，還需將不定期更換食材納入追蹤，持續保持員工對餐廳的期待。

(3) **專案延伸問題及後續計畫：**在執行專案的過程中，發現目前合作的伙食廠商潛藏不確定性，因此建議專案結束後，盡快找齊備選的好供應商，以備不時之需。

留意六項因素，專案更容易成功

影響專案成敗的因素，除了評估開發可行性很關鍵之外，需要徹底執行 AIPECC 的六階段、三十個步驟，同時以下六項也至關重要。

(1) 專案的目標、範圍是否明確？

大部分的專案都會設定目標，但是目標設定上卻不具體、無法評估。例如：若將專案目標設定為提升工作效率，但是並未詳細說明要提升幾個百分比，這樣就無法清楚衡量專案是否達成。另外，執行專案的範疇不能隨意調動，若時常調整，會造成專案無法如期完成。

(2) 是否獲得主管積極支援？

很多主管表面上支持專案，但實際上遇到問題時，可能態度較為消極。這樣會導致專案領導者必須負擔所有大小事，無法獲得足夠的支援和支持會造成專案領導者態度轉為被動或消極。

(3) 專案組織是否健全？

每個專案應該都有自己的團隊，同仁的工作權責分配相當重要，否則就會造成專案人力分配不均的問題。另外專案成員的能力與專案需要的能力，也需要在開案前做評估。

(4) 是否建立有序的、有效的、良好的溝通管道？

專案運作成敗都跟人有關，因此需要溝通、協調各專案議題。假使，專案領導者分派工作後，總是有某個同仁經常延遲完成，此時就必須去了解，到底問題出在哪裡，以避免整個專案會因為他而無法順利完成。

(5) 公司是否具有效、全面的專案管理流程？

專案管理其實有一套流程可控管，但如果在公司內，每個人的專案管理方法流程沒有標準化，有時在跨部門溝通的過程會花很多時間溝通；甚至會發生對步驟重要性的認知程度不同，所以公司若能建立一套全面且標準的專業流程管理，可以讓所有專案成員便於遵循。

(6) 是否建立良好的團隊合作權責與工作氛圍

建立良好的團隊工作氛圍，有助於專案成功。因此要留意工作是否合理分工，大家是否都具有共同專案願景，就能避免多頭馬車。

最後，提供給讀者專案管理 AIPECC 六階段 Checklist，讓大家在執行專案時，有 SOP 在手，每個專案都成功！

圖表1-5 AIPECC六階段Checklist

	階段	步驟總數	步驟說明	是否完成
1	評估階段	六	1. 背景／需求說明	☐
			2. 市場分析	☐
			3. 競爭者分析	☐
			4. 資源盤點	☐
			5. 標竿學習	☐
			6. 初期成本與效益分析	☐
2	起始階段	三	1. 發展專案章程	☐
			2. 利害關係人分析	☐
			3. 高階主管專案共識形成	☐
3	規畫階段	十二	1. 發展專案團隊	☐
			2. 建立工作分解結構	☐
			3. 任務分配的角色與權責	☐
			4. 專案成員能力分析	☐
			5. 估算成本	☐
			6. 發展時程與時間配置	☐
			7. 規畫品質計畫	☐
			8. 規畫溝通計畫	☐
			9. 規畫風險管理	☐
			10. 規畫採購與供應商管理	☐
			11. 成本與效益評估	☐
			12. 專案計畫最終審定	☐
4	執行階段	四	1. 召開專案起始會議	☐
			2. 執行專案計畫	☐
			3. 專案會議	☐
			4. 專案資訊及績效定期發布	☐
5	控制階段	二	1. 管理與審查專案進度	☐
			2. 專案績效量測	☐
6	結案階段	三	1. 專案結案總結	☐
			2. 專案後續實施及追蹤	☐
			3. 專案延伸問題及後續計畫	☐

Chapter 13

專案管理的進階③：「ARCIS 法則」解決所有PM的痛

之前協助一家國際大廠，幫他們的資深 PM 上專案管理工作坊。課程結束後，從事 PM 工作七年多的學員 Ming 才發現自己之前整天都在幫人家擦屁股，他的學習心得，令我印象深刻。

「我每次都在想完成這個專案，應該就是我離開公司的時候了。每次專案開始前，我都會規畫一系列定期會議，每個會議安排好進度。但開會時，我都覺得自己沒達到進度，而有些工作明明已經分配給同事，他們卻常沒按進度完成，以至於有些討論一而再、再而三被拿出來講。當次開會要產出的結論，有時候就被迫延到下一次會議討論。」

以下介紹的「ARCIS 法則」工具，可以幫助所有 PM 解決分工與權責分配的問題。

何謂ARCIS法則

ARCIS 工具，本質上是工作分工與角色權責，不僅專案管理需要這個工具，一般職場工作者和主管也能運用。在管理公司、執行專案上，都能提升整體效能。

一個成熟的 PM 該如何做好分工與權責分配呢？我先說此關鍵觀念，它是很重要的核心價值，它會成為一種態度、行為，也會化成具體行動，讓行動致果。

這個過程中，當責及其衍生的方法論（methodology），即「阿喜法則」（ARCI），就變很重要，它能用以釐清角色與責任，也能有效提升領導力與執行力。

之前在台積電當 PM 和這幾年出來協助企業輔導，我都發現做專案很常需要別人協助，例如收集資料。因此，我在 ARCI 加了一個元素「S」變成 ARCIS，更貼近實務運作。

何謂 ARCIS，簡單說明如下：

① **當責**（Accountable）：對整件事情的成敗負責。

② **負責**（Responsible）：負責執行該項工作的人員，負責回報進度與狀況。

③ **諮詢**（Consult）：提供工作或專案的諮詢，協助工作進行。

④ **知會**（Informed）：被告知工作的狀況與進度，但不直接負責該項工作。

⑤ **支援**（Support）：支援工作，使工作可以順利進行。

負責者、當責者，差別在哪？

當責者跟負責者，在課堂解說時很簡單，但PM在工作分配時，常常容易混淆。

舉例來說，「負責人」會說，公司廠房已經做過安檢了，但「當責者」會說，我一定要讓公司廠房一〇〇%安全無災害。你看得到這之間的差別嗎？負責是「把事情做完」，他追求的是活動或工作的完成；而當責者則是「追求成果」，他要為成果負責。

再舉一個例子：「負責者」會說，我已經去拜訪客戶八次了，而「當責者」會說，客戶剛已經下訂單了。**真正當責的人，要為最終成果負完全的責任**。

換句話說，我們應該要從過去的思維（「這個我做了」「這件事我做完了」「我已經把東西轉給承辦人了」），轉換為：我既然做了，就一定要交出成果，而且為了獲得成果，我願意多做一些。因此，當責者總會自問：我還能多做些什麼？

ARCIS實際運用之重點

一般人在學責任分配矩陣時，要特別留意下列三點。一、負責者數目：若超過一人以上，就要清楚釐清大家的工作分配。二、負責者執行程度：要定義出執行的任務，要做到什麼程度。三、當責者與負責者的權責分配。

以六位成員組成、執行新產品市場調查的專案團隊為例。觀察一開始PM分配工作的方式，可以知道有瑕疵，因為擔任負責者同時有兩位，也就是Tom和Ann。這表示工作項目分得不夠細緻。調整過後，將市場調查工作分成：競爭者調查、元宇宙產業調查兩部分，這樣每個任務都有一個負責者，工作分配就會清楚、明確。

另外，為了讓負責者清楚掌握工作要做到什麼程度，PM需要思索希望責任者執行到何種程度，例如規定競爭者調查至少要調查五間公司，包含分析財報。

圖表1-6 責任分配表的Before & After比較

任務活動	專案成員					
	Mark	Tom	Ann	Jack	Betty	Amy
新產品市場調查	A	R	R	C	S	I

釐清工作分配及權責

任務活動	專案成員					
	Mark	Tom	Ann	Jack	Betty	Amy
新產品市場調查	A	R	R	C	S	I
1. 競爭者調查	A	R				
2. 元宇宙產業調查	A		R	C		

進一步分為競爭者調查，由Tom擔任負責人，仍然向Mark報告。

元宇宙產業調查由Ann當負責人，仍然向Mark報告；由於Jack有該產業經驗，故提供諮詢意見。

而且，負責者 Tom 和 Ann 執行完工作後，要把調查報告上交討論，畢竟市場調查是由 Mark 來當責。

最後，寫 ARCIS 分配表除了注意釐清責任歸屬，並具體要求達成任務程度之外，還要注意以下事項。

① 為了確保權責，在責任分配表中，每項工作項目都要有 A 與 R。

② 全新的專案挑戰很多，可能需要公司全力支援，因此針對從無到有的專案，建議 C 多一些。

③ 有些跨部門專案，會碰到執行者的主管和專案領導者都要負責，所以每個工作項目 A 與 R 有時不會只有一位。

④ 有些專案項目，執行者要對自己的工作項目負起全責，因此有些 R 可以同時也是 A。

⑤ 建議 R 的主管可以是 A，比較方便管理。

只要注意到上述原則並善用工具，就能盡可能做好ＰＭ工作，就算你不是ＰＭ，這套法則可以衍伸出思維方式和做法，也能用來達成自己工作之外的任務和代辦事項。

Chapter 14

流程思維①：企業轉型基本功，從畫「工作流程圖」開始

有家成立三十幾年的中小企業，因為這幾年公司不斷成長，公司內的ＳＡＰ系統（System Analysis Program Development，即企業資源整合系統，希望協助公司更有效管理複雜的業務流程，旨在加速工作流程、改善營運效率、提高生產力、加強客戶體驗，最終增加獲利）已不敷使用，各單位同仁都向ＩＴ部門要求，希望能增加程式，外掛在ＳＡＰ系統外圍，導致整個系統疊床架屋。原本已經不太好使用的系統，又因為作業流程的關係，造成部門與部門之間開始對立，引發很多跨部門溝通問題。

上一次導入ＳＡＰ系統已是十五年前，公司高層也認為是時候該為ＳＡＰ系統升級了，既解決目前的流程問題，也能應付未來公司的高度成長。

不過，許多資深員工都對十五年前導入ＳＡＰ時，公司曾經歷過一段非常混亂的

時期記憶猶新。有一位同事還說，當時每天去上班，都要自己摸索流程，系統流程有時甚至跟實際操作流程有出入，那真是場夢魘。當時，許多同仁都花很多時間，才慢慢重回軌道。

經過那次的慘痛教訓，這次升級SAP前，公司高層決定先梳理過所有作業流程。畢竟十五年來，內部營運、支援流程未經完整梳理。因此，找我們團隊來協助。

流程圖是什麼？

客戶希望我們協助梳理所有營運工作流程，同時進行企業流程再造培訓簡稱BPR（Business Prcess Re-engineering）。因此，我們一開始先做企訓、教大家畫流程圖，每一個工作流程都要包含活動流和資訊流，也讓大家清楚了解流程圖的基本技巧及部門間的流程如何對接。

流程指的是為完成特定工作或目的，需執行的一系列活動，而這一系列活動的組合就是流程。

流程圖可以將複雜的活動，簡化成有順序的步驟。**一個完整的流程圖包含「活動流」與「資訊流」**。活動流是按照順序，畫出一個作業的流程步驟。流程步驟是由數個不同的圖形符號所組成。例如：正方形、長方形代表活動或作業；菱形標示決策點；箭頭則是表示方向。而資訊流則是解釋每一個活動或作業進行運作時的相關資訊，其組成元素包含：輸入、流程、輸出、控制等資訊。透過活動流與資訊流的對應呈現，能充分描述作業流程如何運作。

資訊流的組成元素有以下四個，簡稱ＩＰＯＣ，說明如下。

- **輸入**（Input）：流程作業所需要的元素。
- **流程**（Process）：流程的作業。
- **輸出**（Output）：流程作業的輸出。
- **控制**（Control）：針對流程作業的現存管控機制。

圖表1-7 活動流示意圖

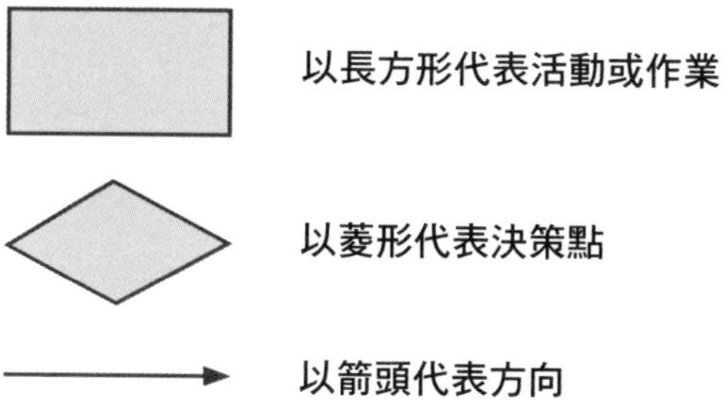

圖表1-8 以新產品開發試作，說明資訊流

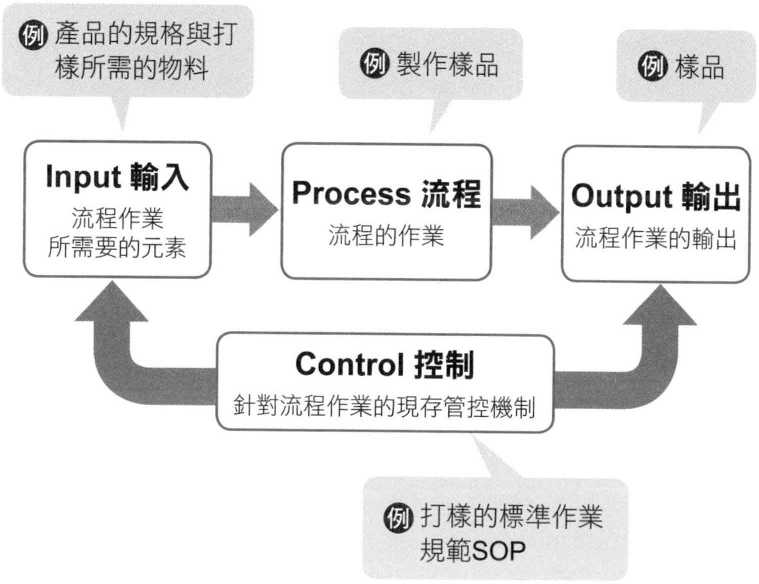

以新產品開發試作為例

一般都會先畫活動流，再畫資訊流，舉新產品開發試作為例詳細說明。

我們可以先設想一般公司在新產品開發試作時，可能會執行的活動。首先，業務同事去接洽客戶，了解顧客需求；接著，提報給開發部門，由開發部門設計；然後，可能自行製作或外包給外面廠商打樣製作；最後測試、確認品質後，出貨給顧客；又或者品質不穩定，重新變更設計、繼續開發。

如圖表1-9所示，就會很清楚看出新產品開發試作可以從上一段文字，單純化、

圖表1-9 新產品開發試作流程圖一活動流

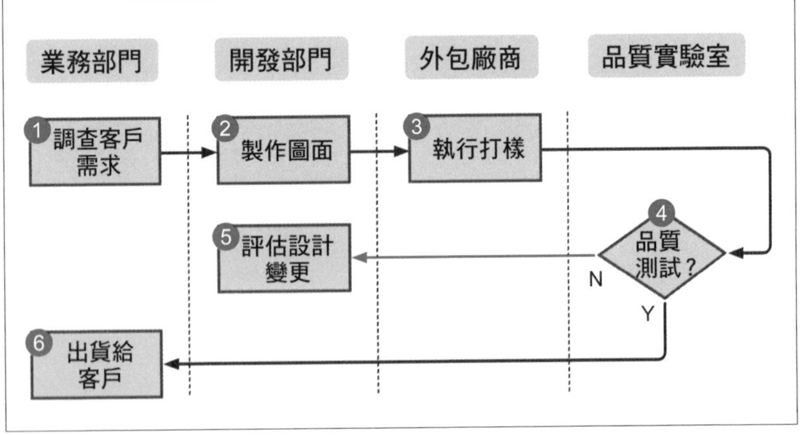

可視化為六大步驟，包含：①「調查客戶需求」、②「製作圖面」、③「執行打樣」、④「品質測試」、⑤「評估設計變更」、⑥「出貨給客戶」。若能針對不同部門羅列相應的工作項目，就能清楚各部門和外部單位如何各司其職，完成工作。相較於其他步驟，「品質測試」是六步驟中唯一的決策步驟，因此以「菱形」呈現，其他都以「長方形」表示，而串接上述流程順序的則是由「箭號」來串聯。當品質測試未過關，就會回到開發部門，重新評估設計變更。

接著，以資訊流來梳理同一行為，可以大致區分為五步驟填完圖表。

步驟一：把活動流的流程作業六大步驟，由上往下、依序填入 IPOC 表格中的 P 行中。

步驟二：在「①調查客戶需求」此列中，先填入為完成調查客戶需求的輸入、輸出和控制。我們需要先傾聽、了解客戶意見和聲音，並從中得到客戶期待的產品規格，並在過程中，盡可能全面地確認客戶的需求，才能盡可能打造出完美的成品，完成控制。

步驟三：把步驟二的輸出「客戶需求的產品規格」，填入「流程②製作圖面」列的

圖表1-10 新產品開發試作流程圖—資訊流

步驟一 將從「活動流」分析出的各步驟，依序放入各行的「流程」欄中

輸入（Input）	流程（Process）	輸出（Output）	控制（Control）
	① 調查客戶需求		
	② 製作圖面		
	③ 執行打樣		
	④ 品質測試		
	⑤ 評估設計變更		
	⑥ 出貨給客戶		

步驟二 思考為滿足①列的流程，需要執行什麼輸入、輸出和控制

輸入（Input）	流程（Process）	輸出（Output）	控制（Control）
客戶聲音	① 調查客戶需求	客戶需求的產品規格	確認客戶需求的完整性
	② 製作圖面		
	③ 執行打樣		
	④ 品質測試		
	⑤ 評估設計變更		
	⑥ 出貨給客戶		

步驟三 將①列的輸出，填入②列的輸入，並完成②列的輸出和控制

輸入（Input）	流程（Process）	輸出（Output）	控制（Control）
客戶聲音	① 調查客戶需求	客戶需求的產品規格	確認客戶需求的完整性
客戶需求的產品規格	② 製作圖面	圖面產品規格	圖面審查SOP
	③ 執行打樣		
	④ 品質測試		
	⑤ 評估設計變更		
	⑥ 出貨給客戶		

步驟四 重複上述三步驟，依序完成整張表單

輸入（Input）	流程（Process）	輸出（Output）	控制（Control）
客戶聲音	① 調查客戶需求	客戶需求的產品規格	確認客戶需求的完整性
客戶需求的產品規格	② 製作圖面	圖面產品規格	圖面審查SOP
圖面審查產品規格	③ 執行打樣	樣品	打樣的標準作業規範SOP
樣品	④ 品質測試	Y Go to ⑥ N Go to ⑤	品質測試的標準作業流程SOP
N From ④	⑤ 評估設計變更	設計樣品	設計變更作業流程SOP
Y From ④	⑥ 出貨給客戶	出貨送樣	依業務訂單需求將成品出貨

輸入，然後依序完成步驟②的輸出、控制。

步驟四：重複上面步驟，填入步驟③至步驟⑥各列的表格空位。在品質測試階段，會形成兩條路徑。若符合品質測試則往第六列，若無法達到測試標準，則往第五列前進。前者以 Y Go to ⑥表示，後者以 N Go to ⑤呈現。

步驟五：填完資訊流表格中的所有資訊，再重新確認是否有遺漏。

最後，從資訊流中思索所有步驟是否有潛在問題。例如，在步驟⑤「評估設計變更」中，此步驟的潛在問題可能有二。問題一：若設計變更幅度過大，怎麼辦？問題二：若客戶想要設計變更，但開發部門認為不需要時，如何溝通協調等。這些潛在問題如果能事先預防，那麼執行會相對順利，另外討論這些問題時，也能打破部門主義的問題，讓公司全體了解完成一件事，是需要跨部門共同努力才能達到，就能加強大家互相配合。

動線流程圖VS泳道流程圖

活動流就是以不同圖形、符號，組合、呈現一活動的流程。兩種最常用的形式為「動線流程圖」與「泳道流程圖」。前者按照時間順序，後者則適用於跨部門或功能別，能凸顯公司各部門的工作權責。

此段落以客戶管理流程為例，來說明兩種不同的活動流形式。如圖1-12所示，可清楚掌握不同活動流呈現出客戶管理的不同重點。右邊的動線流程圖，側重流程順序，業務與客戶交換名片後，將名片帶回公司給助理處理，接著助理建檔歸類，然後公司會不定期分享文章，並在三節寄送卡片、禮盒。而從左圖的泳道流程圖，能看出不同部門的分工權責。

圖表1-11 兩種流程圖比較

活動流的形式	適用時機	優點	缺點
動線流程圖	單一部門內或單一權責	了解作業程序	畫出的流程作業，容易只有自己懂
泳道流程圖	跨不同部門或跨不同權責者	了解作業程序與作業權責單位	需要團隊一起完成，比較耗時

圖表1-12 以動線流程圖（右）和泳道流程圖（左），呈現客戶管理流程

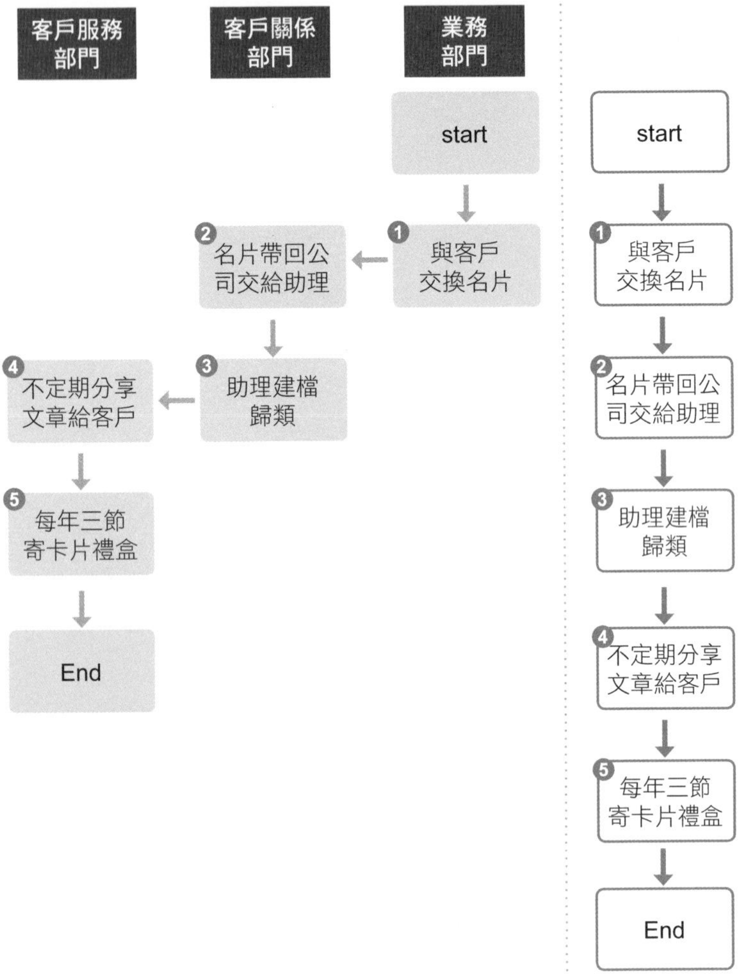

Chapter 15

流程思維②：梳理流程五步驟，加速轉型飛輪

我們再回到前篇文章開頭提到的案例。第一次輔導前，我們先請各單位同仁畫出自己部門的工作流程。輔導過程中，也要求各部門派出幾個主管來觀摩，希望中高階主管一起參與、釐清公司的流程問題。

流程圖怎麼畫？從將主要流程分組開始

我們把公司內部流程分為十項主要流程，一項一組，共有十組，例如：生產製造流程、業務接單管理流程、研發新產品流程、會計帳務管理等流程。第一次輔導時，每組報告完各自流程後，其他同仁和主管就一起討論。

其中「會計帳務管理流程」一組，在小組成員報告完後，台下的同仁非常踴躍地提出

各種問題，也針對現況提出疏漏之處。我當時覺得奇怪：這流程不是你們畫的嗎？你們應該最清楚實際流程，怎麼其他部門同仁好像更了解？

當天輔導結束後，負責會計帳務管理流程的主管，召集了所有組員，一起向我請教問題。他們還沒開口，我從他們的表情就能看出：他們報告時，台下的砲聲隆隆，讓他們很沮喪。

接著，主管開口了：「彭老師，我們私下已經討論過好多次，但今天報告時，很多同仁和長官問的問題，我們卻還是答不上來，而我也覺得他們問得很對。為什麼我們討論過那麼多次的作業流程，卻還是有很多漏洞？有什麼方法可以分享嗎？」

梳理作業流程三技巧

(1) 現場觀察，實際操作一遍

這裡指的現場是指實際執行流程的地方，所以也有可能在辦公室的電腦上操作。

在現場實際操作一遍，並請其他同仁在旁觀察整個過程。觀察者可以錄音、錄影，要負責把操作者實際操作的所有流程記錄下來。

(2) 請教中高階主管

總經理或副總等中高階主管對作業流程的熟悉感，和一般執行者不太一樣。他們雖然不是真正負責執行的人，但在公司年資已久，有不同的經驗和見識，更可能在流程中看到不同面向的問題。

(3) 請教對這個流程最熟悉的人

通常是資深同事最熟悉流程。因為現在負責的作業，很可能曾由其他人執行，只是對方後來換了部門或已不再負責。這些資深同仁也可以對流程梳理，提供不同面向的觀察。

以上三個技巧，能夠幫助部門同仁結合多方意見，又不至於方向太雜亂、毫無頭緒。整合三步驟所得資訊後，大家可以一起開會，把流程共識畫在海報或簡報上，先畫出第一版工作流程。若與會者對流程圖仍有不清楚之處，再重複上述三步驟，直到大家對現況流程有了共識，才算是做出完整的現況流程圖。

流程改造的轉型效益

另外一個企業實際案例，有一家客戶因為這幾年蓬勃發展，因此動了數位轉型的念頭。他們極端重視研發，每年都會開發超過三十個以上的新產品，所以後來選擇將新產品開發流程視為流程優先梳理對象。

此家公司之所以找外部顧問協助，是因為公司內沒有人會流程分析的方法，他們希望學一套比較標準的流程圖分析方法，也想標竿其他產業龍頭。公司內部先前已經有新產品開發流程的標準文件，但是文件跟實際運作的流程差異不小，而且研發部門每一位PM又都有自己一套的新產品開發作業流程。

我們用一套系統性的流程創新方法來協助他們，我簡稱為「流程創新的五步驟」。

第一是「尋找流程主題」，針對組織內目前感到最不順暢的流程，優先處理；第二是「現況分析」，在此階段畫出流程圖，針對流程圖做現況梳理；第三是「流程原因分析」，從流程圖出發找問題，再做問題歸類；第四是「流程改善與創新」，利用流程創新的工具來發想對策，產生創新後的流程圖；最後第五是「流程管制與維持」，產生創新後的流程圖後，為了讓流程可以維持一樣的績效，要針對流程建立管控跟維持的機制。

我們花了幾個月時間，梳理出一套大家認同的新產品開發作業流程，共十二個流程階段，總步驟有一百四十七個、三十個文件。由於完成現況流程後，就可以從流程中發現問題，後來我們也提出流程改造後的建議，最後對方也採納。

改造後的流程變為六個流程階段，總步驟有一百二十個，二十個文件。也就是說，流程階段減少了五〇％，流程總步驟減少了二〇％。新產品開發流程也因為流程步驟的簡化，整個新產品開發作業時間減少了三〇％左右。另外，大家透過流程梳理專案，部門跟部門之間的溝通因此更加順暢，同時也學會一套真正流程再造的方法，未來就可以平行展開、活用並完善其他的公司流程。

這幾年，很多企業都談數位轉型，其中也有很多公司透過ＳＡＰ系統來自我升級。某部分的轉型或升級的基礎是奠基在流程改變上。企業將所有流程都梳理清楚，會產生六項效益：

①產出公司第一份最完整、從宏觀到微觀的現況流程。
②部門之間更加有同理心。
③讓同仁了解原來公司的流程樣貌，與過去的自我認知不同。
④集體腦力激盪出流程面臨到的問題。
⑤對於流程分析方法有一致性的溝通語言。
⑥清楚知道SAP的解決方案可以做到什麼程度。

這六項效益最終會提升工作效率，才更能有時間去思考：公司該往哪個方向走？要改善什麼？要往什麼地方創新？若沒做這些流程基本功，真的會讓轉型一樁美意，擊垮公司同仁。

Chapter 16

創新思維：這樣做，讓大家腦洞大開、創意工作！

二〇二一年七月的台灣產業大新聞是全聯宣布收購大潤發。曾幾何時，大潤發跟家樂福如此風光，多年以來賺了不少錢，只是這兩年成長放緩，直到新聞播出，我才知道大潤發被全聯收購了。

大家一定知道，全聯這幾年發展如火如荼，在台灣遍地開花。我的經驗是去大潤發或家樂福的次數變少了，反而更常去全聯。一來是離家近，二來是我想買的東西，全聯幾乎都有。全聯能有好成績，很大一部分歸因於近幾年的轉型，一個本土超市不只跨足電商，也涉足金融，敢於創新的精神令人敬佩。

另一個典型的對照則是曾經的影業龍頭百視達，二〇〇四年全盛時期，百視達擁有六萬名員工、九千家門店，卻在短短六年內宣布破產，究其失敗主因就是沒有創新。

全聯和百事達的案例，突顯的是企業創新的重要性。很多人都知道創新對企業舉足輕重，尤其這幾年受疫情影響，企業重新重視創新。幾乎每家企業都會推動創新活動、舉辦創意競賽，但隔一陣子，大家對這些活動又會從熱衷慢慢變為冷淡。

這幾年，業界常講數位轉型、大數據、雲端服務，這些題目都和創新有關。我們都知道創新是企業成功的必要條件，企業不創新幾乎只能等死，那該如何創新呢？

這幾年我發現企業同仁總有個迷思，認為企業創新是領導人的責任，這是不對的。其實，**每個人都有責任推動創新**。

那什麼是創新呢？前台積電董事長張忠謀博士說過，創新要從「跳出框框來思考」開始，直到養成習慣。創新不只是嘗新，還要確切執行。**重賞與不在乎失敗，是鼓勵創新的條件。創新和冒險精神必須合而為一，不可分離**。

成功創新的五關鍵因素

之前在台積電工作期間，我曾幸運參與公司的年度創新活動與規畫，也擔任過公司內部的創新方法與工具講師。後來離開公司，從事企業講師，創新相關議題也是我們培訓的重要項目。前後幾年的經驗下來，我也看到不少創新成功的關鍵因素，以下跟大家分享。

(1) 專人專職推動

若你的企業是第一次嘗試創新，建議要安排人力專責推動。當年我在台積電，也有專人直接負責，且同時成立創新委員會，負責整個公司創新資源的調度與制度規畫。公司內部的創新管理系統若能慢慢建立，學習型組織與創新管理知識系統就得以整備，進而能夠達到組織內部水平單位的展開和滲透，最終走到智慧成果分享的階段。

而在這整個過程中，建立推行創新活動的機制，排除創新障礙，提供創新環境，調度資源協助同仁讓好的創意實現，都需要有人來安排。

(2) 內部定義統一

任何一家公司要推動創新，千萬記住公司內部對於創新的定義一定要統一。為什麼強調這一點，是因為我發現很多公司在討論創新時，主管跟員工對創新的定義不大相同。定義不同，討論議題就難聚焦，也無法集中火力往同一方向發展。

當時台積電就曾針對創新做出統一的定義：**只要能夠提出改變的想法，並實踐它，就是創新。而創新的實踐者則是企業裡的每一個人，人人都有責任**。

(3) 訂定策略與主題

釐清定義後，可以先由高層主管訂出創新的範圍。公司每年可以設計「動腦主題」，集全公司之力一起發想。舉例來說，若今年要做的是商業模式創新，那公司內部所有的專案主題都要與此有關。如此一來，整個創新活動就能聚焦在一個範疇裡，且能在設定的期限內，匯集公司力量一起做。

(4) 塑造創新環境

為了塑造鼓勵創新的環境，管理層可以招募不同風格的同仁，也能安排一位同仁與其他部門合作（如跨部門專案、登山球類等競賽），讓不同類型的員工多加互動，更能激盪出火花。

此外，也可以在公司提供跨級溝通的機會。假設一位基層工程師的直屬主管是副理，副理上去是部門經理，就可以定期安排工程師與部門經理直接溝通的機會，也可以定期開會，讓副理得以越過部門經理，直接與處長報告。

雖然不清楚當時公司這樣設計的真正目的為何，但我覺得這樣的制度，的確建立起暢通的溝通管道。我記得擔任副理時，下面的工程師曾跟我說，他有一個很不錯的點子能解決生產製造的問題，但我覺得所費不貲，就拒絕了這個提案。這位工程師後來就利用上述會議，跟部門經理談，而部門經理覺得這個想法不錯，希望我去做更深入的研究。這件事帶給我反思機會，我因此察覺有時自己真的有可能會抹煞同仁對公司有利的想法，還好公司有保留溝通管道暢通的機制，就能讓創新的種子順利發芽。

此外，管理者本身也需為此調整領導方式。倘若公司過去的管理風格較偏向嚴厲責罵，希望營造公司的創新環境，就必須將領導方式調整為教練式領導，鼓勵同仁發表看法，提供更多討論機會。一般認為相較於指責、質疑，教練式領導透過提問，較有助於讓同仁釐清自我動機，看清楚自身盲點，並催生自我解決問題的能力。

具教練式領導風格的主管收到同仁的提案，會先提問「為什麼」，了解對方的動機與需求。例如，為什麼你要做這個提案？動機是什麼？是否發現了什麼需求？接著，可以了解對方的「目標或期待」，像是你希望這個提案得到什麼結果？希望解決何種問題？然後，根據「如何解決的方式」來提問，比方說，想要達到此目的，請問你將如何處理？在解決的過程中，如果遇到任何問題會如何排解？最後，根據「尋求支援」來提問，諸如，如果要讓這份提案內容更加完整，你覺得還要補充什麼？關於此提案，你覺得有什麼是我可以協助的？

(5) 創新能力的培養

公司可以透過有系統的培訓方式提升創新能力。例如，藉由安排演講、經驗分享會，提供創新工具的訓練，觀摩討論創新案例，收集創新案例等。

此外，公司的所有同仁可以學習一套系統性的創新方法，讓大家按步施工、創新成功。這一套系統性的創新方法是由我創立的，稱為「創新的五大修練[7]」（Innovation 5 Disciplines, I5D），

修練一：發覺創新機會、發掘問題

修練二：分析客戶需求，從需求看到洞察，提出你的價值主張

修練三：開發大量點子，包括不合理、不可能的點子

修練四：選擇最佳點子，將點子慢慢收斂，挑出最棒的點子

修練五：設計創新方案，從點子發展出完整原型，不斷回饋修正

[7] 此課程相關說明如下：創新是可以學習的，創新是有方法的，本課程將傳授如何學習突破框架的技巧，如何從原點思考發掘使用者的痛點，並學習一套系統性的創新方法。

以「設計未來的實體銀行」為例，說明I5D

修練一：發覺創新機會、發掘問題

我們先花時間研究未來銀行主題，經過文獻探討跟內部高階主管的討論，發現未來台灣實體銀行仍會存在，但可能不同於現在的模樣，因此我們想激發創新，思考未來實體銀行的面貌。

修練二：分析客戶需求，從需求看到洞察，提出你的價值主張

我們設計了一連串的問卷，針對目標族群去了解他們目前去實體銀行所遇到的痛點，以及未來會因何種需求去實體銀行，以下簡要列出問卷結果呈現的三個痛點：

- 等候時間太長
- 去銀行只能處理銀行的事，排擠了處理其他事情的時間
- 去銀行處理事情，都會碰到推銷，感覺不好

修練三：開發大量點子，包括不合理、不可能的點子

針對客戶的痛點，我們使用了創意的工具，以創意九招提問為例：取代（有哪些部分可以被替代品取代？）、結合（可以跟什麼結合在一起？）、增加（可以增加或加入什麼？）、修改（哪些地方可以修改和調整？）、模仿（可以模仿哪些東西？）、消除（哪些部分可以刪除和省略？）、縮小（哪些部分可以縮小？）、重排（可以重組順序嗎？）、反向（一定長這樣嗎？），也參考了國外跟實體銀行未來模樣的相關文獻，共想出了二十五個點子，其中有五個點子如下：

- 客戶希望有新體驗，例如，在銀行裡吃早餐、喝咖啡，跟朋友聊天、順便看盤
- 銀行可以提供理財資訊，但不要推銷產品，這樣感覺比較輕鬆、沒壓力
- 可以提供推拿、針灸、拔罐等的服務
- 可以販售商品，讓消費者在等候的過程中，不會覺得等候時間很長
- 銀行快來速

修練四：選擇最佳點子，將點子慢慢收斂，挑出最棒的點子

大家討論過後，覺得有兩個點子不錯：

- 未來銀行長得跟現在的購物商場一樣大，消費者在裡面可以一邊等待、一邊逛街，還可以吃早餐、喝咖啡，也有展示的畫廊供民眾欣賞，讓顧客舒服地殺時間
- 銀行快來速。大家可以將實體銀行想像成一棟三層樓房。第一層就類似得來速，有摩托車車道、汽車車道，只要事先在網路上辦妥程序，民眾就可以開車或騎摩托車來，快速完成在銀行要做的待辦事項。只是使用此項服務，必須在手機裡安裝快來速銀行的 App，才能得到指引。至於二樓提供理財跟房屋仲介的服務；三樓則是健身中心與電影院。也就是說，大家討論到銀行快來速的點子時，會希望顧客除了使用銀行、理財服務，也能獲得娛樂。因此，快來速銀行旁邊需要備有大的停車場，才可以讓客戶輕鬆前來使用服務跟體驗享受。

最後我們選擇「銀行快來速」為本次的最佳點子。

修練五：設計創新方案，從點子發展出完整原型，不斷回饋修正

我們利用電腦軟體，設計、畫出了快來速銀行，也規畫了動線。另外也安排了在銀行內可以做哪些事情，而其他不在快來速處理的作業，就全部移到雲端，讓整個快來速的銀行可以預約，而且使用非常快速、便利。

我們都知道，企業不創新就是等死；但也有人說，企業創新就是找死。之所以這樣說，是因為創新過程中，企業一旦沒找到關鍵成功因素，往往就會以失敗收尾。企業如果不想成為「一代拳王」（指聯發科董事長蔡明介提出的理論，為了專注發展核心能力，ＩＣ設計公司常只會有一種明星產品，無法隨典範轉移演進，追上新一代潮流），持續、持久創新，建構公司內部持續創新的文化跟環境，就非常重要。

PART

2

工作者的思維進階法——提升學習力、分析技巧和解決問題效率，成為未來最搶手人才

Chapter 17

透過「標竿學習法」，持續進化

我在台積電擔任過生產管理工程師，這份工作顧名思義就是管理生產線，每天預估、規畫產能、確保產品能如期交貨。每天早上都要開生產會議，主管思考敏捷，當出貨數量短缺時，就會提出質疑，但不管我們如何說明，他總能從一些數字或解釋中，找出不合理之處，讓我們啞口無言，這時他就會說：「麻煩大家帶頭腦來上班，好嗎？」

大前研一曾說過，解決問題的根本就是「邏輯思考力」。邏輯思考不僅能幫助解題，也能在多變的職場環境下，增強我們的競爭力，幫助自己不被淘汰。

幾次類似的事件讓我慢慢明白：有些人能當上主管，有些人工作了十幾年還是工程師，其中**解決問題的邏輯是向上晉升的必要條件**。當時我決定一定要把邏輯練得跟主管一樣好。

當年，我用了兩個方法：一是以主管為目標的標竿學習法，二是盡量參與中高階主管的會議。

方法一：以主管為目標的標竿學習法

問題是現況與目標的差距（Actual-Ideal = Gap, AIG），假設你當下的解決問題邏輯為現況（Actual），你的所有老闆（這邊泛指所有位階比你高的人）則是學習目標（Ideal），你可以想想自己希望向哪一位主管學習？

這種學習法的本質，在於你有沒有企圖心。標竿學習法的前提是選擇一個好的學習目標，這不只局限於直屬主管。初期可以先找一個（位）目標就好，他不需要超級厲害、但要好親近，一開始就找這類主管當效法對象，比較不容易遇到挫折。如果效法對象人際關係不夠圓融或脾氣沒那麼好，你根本不敢請教他太多事，這樣的標竿學習一定失敗。當你發覺這樣的學習法會讓自己的思維邏輯逐漸接近設定的目標時，就要記得更換學習對象，讓自己持續精進。

設定一位標竿學習的主管後，再運用三個技巧來學習：

(1) 主動發掘問題

當我碰到問題時，會發信向他請教，主管通常會利用下班時間回應。你必須主動發掘問題，創造與主管互動的機會，勇於提問。

(2) 動作筆記

當主管回答想法時，要主動記錄，不要只用聽的，因為聽過很快就會忘記。每次跟主管開會、對話，他說的每件事、每個問題，我都會隨手抄起來。當時記錄的筆記本，我現在都還留著。

千萬不要小看這個動作，筆記抄完後，只要有時間我就會拿出來翻看，多重複幾次後，我就很清楚：為什麼主管會問這個問題？他的邏輯是什麼？這樣也能訓練自己思考。

(3) 觀察信件

千萬不要只看專寄給自己的信件，多去觀察那些副本給全公司的信件，裡面有許多高層的思維與應對是可以學習的。你可以透過觀察信件去思考：主管為何會問這樣的問題？背後的思考脈絡是什麼？主管又是如何分析並報告給老闆？

從中你可以觀察到老闆與主管如何消化龐大的資訊與數據，且濃縮在短短一封信裡。

方法二：盡量參與中高階主管的會議

第一個方法是我們先找一個主管當榜樣學習，但我一直深信「主管的主管一定更厲害」。所以，只要有機會，我也會想向處長、副總等主管學習。但畢竟是高層級主管，他們不一定會教我，這時候該怎麼做呢？

1 找機會去旁聽中高階主管級以上的會議

如果你工作有餘裕，可以試著去參與中高階主管級的會議，即便內容可能與自己工作沒那麼相關，但當個旁聽者，你也會見識到主管在會議上的討論，無形之中也是一種學習。

當時我的主管參與其他部門的會議，我都會問能不能進去旁聽，主動為自己創造機會。因為是旁聽，壓力沒那麼大，又可以觀察高階主管怎麼處理問題，是鍛鍊邏輯思考的絕佳機會。

2 分擔主管的工作，向更高階的主管報告

當我完成一個專案時，會詢問主管，能否親自向更高階的主管報告。透過這個方法，我可以創造與處長級管理者開會的機會。

雖然你的主管不一定會答應，但是態度主動且具有提前準備的思維模式，一旦機會來了，就能好好掌握和表現。

3 跟高階主管開會前，預想提問、對應答案、不斷演練

這個功夫比較花時間，很多邏輯上的訓練必須靠自己不斷思考、體會，試著去模擬對方會問什麼問題來準備。開會時，你就可以去驗證準備的問題與答案，是否後來主管也提出了，藉此訓練自己，讓思考邏輯可以跟上主管。

有一次跟高階主管簡報，我和直屬主管揣摩了二十幾個問題，過程非常辛苦，但是當開會時發現，高階主管問的問題都在我們掌握之中，我們因此深刻感受到：這些辛苦都是值得的！而在準備這些問題時，我也學習了主管的邏輯思維。

不管你將來想不想當主管，都能運用以上兩個方法、六個技巧，培養自己的邏輯思考力。

Chapter 18

三技巧，讓你跟不對盤的主管和平相處

我之前上班時，曾遇過一位磁場沒那麼合的主管，這位主管專業能力強，但行事風格跟管理方式，讓當時的我很難適應，常感到格格不入。後來我索性就想：算了，畢竟他是主管，我短時間內也得留在這個部門工作。於是，我就轉成被動、消極的相處模式，主管說什麼、我就做什麼。

這模式持續了一陣子之後，我發現這樣下去不是辦法。畢竟大家同在一個屋簷下，每天都會遇到，相處起來卻沒什麼溫度，主管也發現我不太理他。我有點擔心這可能會影響年底考績。畢竟，遇到不對盤的主管，要嘛你換部門或離開公司，要嘛主管離開，但通常是你離開的機率比較高。如果我不想離開，就要調整心態。

我當時採取的方法是去看主管好的一面，不好的一面聽聽就算了。慢慢地我發現，主管的專業確實有值得學習之處，不管我未來還會不會留在此處，只要我把主管的專業學起來，對自己未來的職涯發展都是加分的。

於是，我再轉換一次念頭，遇到專業相關問題，就去向他請教。我會在過程中稱讚主管，例如：你的專業真的很厲害，是我學習的榜樣。幾次下來，主管更願意教我，我也逐漸發現其實主管並沒有那麼不好相處。

三技巧處理跟上司不合的困擾

在職場中遇到頻道沒那麼相合的問題其實不算少見，我的資深夥伴教練侯安璐也提供了三技巧給為之所苦的上班族建議。

技巧一：創造第三、第四選項

嘗試回到內心最兩難、看似彼此衝突的兩點，仔細思考是否還有第三個選項。

若我們想到的只有兩個選項：不是努力配合，就是敬而遠之。我們會覺得魚與熊掌似乎不能兼得，因此感覺被困住了，但這不是事實，這世界永遠會存在第三個選項，可以試著再思索看看。

例如，原本的狀況是——

● **選項一**：不跟不對頻的主管或同仁學習，保有自己的堅持，但學習曲線可能因此變慢。

● **選項二**：放下堅持，向他們學習。

在這兩個選項之外，你可以再增加：

● **選項三**：守住自己的堅持，同時想辦法強化或加速個人學習曲線。

● **選項四**：有限度地向他們學習，並在精神上設定保護圈或濾網。如果主管提出危害自己個人信念的做法時，建議下屬選擇不做，但自己可以想替代方案完成目標。若主管堅持，可以告訴對方自己的內心看法，嘗試與他們溝通，不然就尋求資深同仁或其他部門主管的協助。

技巧二：客觀釐清個人準則

藉由這次事件，客觀釐清自己的頻率、寬幅，以及原先可能不太清楚的個人準則。無可避免地，人際交往中一定會有對頻、不對頻的人。藉由這一次事件，好好了解自己：我判斷對頻／不對頻的標準是什麼？是長相美醜？是脾氣態度？是學經歷是否顯赫？是心地是否善良？是否尊重他人？是否對方過於重視個人利益或商業性？還是對方的個人信念？

尊重並讓自己的準則更明確，未來在選擇產業、企業或主管時，就更能有貼近自己內心的決定準則，也可以大幅減少、避免做出會讓自己水土不服的錯誤決策。

技巧三：建構與架設內在保護網

和不對頻的人相處，有時會急速耗盡能量。進入社會、與許多人往來，一定要為自己架設內在保護網，好好守護自己珍惜的東西。這個「東西」可能是信念、內在價值、執業初衷，是對自己而言很重要，但其他人不一定能看見或看重的事物。一旦你能夠建構與架設好，未來的人生選擇，就會有清楚的內在主軸，不易受外界動搖。

建立保護網的具體做法有三步。我們在輔導時，有引導多位學員依此步驟來做，效果都相當不錯。

- **第一步：why，初衷**。重新確認與定義清楚找到自己想堅定守護的理由。在這樣險惡、有明顯衝突阻力的環境下，要守住某樣東西相當不容易，清楚自己這麼做的緣由，才能提升守護的強度，持續守護的成功率就會提高。
- **第二步：how，原則**。找出最適合自己的守護原則。根據上一步的初衷與現在處境環境下，有什麼原則要掌握？什麼是一定要做的？什麼是絕對不做的？事先沙盤推演，在最常遇見主管又來考驗自己內心深層價值觀的處境時，當下自己有什麼可以做？什麼又是不要做的？預先想好自己要掌握的原則。每個人身處不同人生階段，有些人受環境支配的程度較高，有些人擁有較高的人生自主權；而每個人的個性與溝通風格也不同，可以依照這些不同變項，為自己找到最適合的方式，或者是尋找和自己風格類似的標竿人物，觀摩學習對方的做法。
- **第三步：what，細節**。根據前一步驟的守護原則，把一些具體細節設定清楚，例如什麼時間點、什麼事項要繞道，避開主管。某些事項的某些範圍已有風險，必須做相關的保護措施，如預留來往訊息紀錄或信件，做好自我保護。或是某些情境會造成個人的高速大量耗能，或許就在內心或外在事先準備能量保護罩升起的儀式，讓自己有個緩衝罩。這就像在很多運動賽事有優異表現的球員們，為了安定內在，在上場前都會有一定的儀式一樣。

最後，這個問題也可以加入時間軸的概念。在大企業久了，你會察覺一定階層以上的主管層級都會流動。主管任期是有時間性的，外商公司尤其明顯，短則幾個月，一般來說是兩、三年。如果主管在位時間有限，那你可以問問自己：如果這段「頻率對不上」的時間終究會結束，那自己想在這段時間內獲得什麼收穫？這樣或許在學習上，內在的抗拒感就不會那麼強烈了。

Chapter 19

神提案三方法、五技巧

前幾天和新認識的朋友 Kevin 聊天，他講到自己在前一份工作遇到的困擾：他自認很不錯的提案，老闆總是不接受，也不支持，讓他不知所措。

這讓我想起，前陣子我們去提案關鍵人才培育課程，我們據此準備了計畫書，當天現場來了好幾位高階主管，每一位主管都對提案提出問題。我想，若我希望讓對方埋單這份顧問方案，必須換位思考，以他們的角度設計符合他們需求的方式。這樣一來，成功率就能提高。

向客戶或老闆提案，其實是同一件事。就算是不用面對客戶的工作，也會遇到需要提案的時候。提案能力是每一位職場人士都需要學習的能力。

1 針對不同類型，投其所好、經營關係

平時花心思經營與主管的關係，你會更了解主管喜好，明白他看重的重點，甚至慢慢摸清主管的思路。當你清楚主管的決策風格與喜好，並依此完成任務，久而久之主管在與你共事的過程中就會更放心，有事交辦也會第一個想到你。

當年我在台積電工作時，做過「DiSC 人格測評」。DiSC 測評是企業廣泛套用的一種人格測驗，用於測查、評估和幫助人們改善行為方式、人際關係、工作績效、團隊合作、領導風格等。

DiSC 人格測評主要從以下四個主維度特質，對個體進行描繪：

- **支配性（D）**：一般描述為愛冒險的、有競爭力的、大膽的、節奏快、果斷的、比較沒有耐心。
- **影響性（I）**：一般描述為重視人之間的感情，有魅力的、自信的、熱情的、鼓舞人心的、樂觀的、受歡迎的、好交際的、可信賴的。

- **穩定性（S）**：一般描述為友善的、親切的、好的傾聽者、有耐心的、放鬆的、熱誠的、穩定的。
- **服從性（C）**：一般描述為準確的、有分析力的、謹慎的、謙恭的、善於發現事實、高標準、成熟的、要求高品質、嚴謹的。

我以前的台積電主管，他們的人格測評都比較偏向D或C。若你要提案的對象屬於D型，你要很清楚必須在一開頭先切入重點。因為他沒有耐性，較重視結果與效益、不會害怕衝突，也對他人的感受不太在意，所以甚至有可能會直接在會議剛開始就說：「照你們這樣準備，這個會議沒有開的必要，回去重做！散會！」跟他共事與開會，經常處於備戰狀態。

不過，如果你的主管是C型，那就要花心思分析提案的每一個優點、缺點，效益為何？潛在的風險是什麼？程序規範與流程又是如何？你必須要徹底、完整地拆解，因為這都是C型主管會在意的點。

I型的人說話快，聲音大，陳述多，語調抑揚頓挫；自由表露，對人際關係積極參與；喜歡直接進行目光接觸，具有活潑的面部表情。典型Ｉ型的人希望與人關係友好，讓他們表達思想和感受，保持談話輕鬆，在情感上坦誠，並且認可他們的貢獻。所以，如果你的主管是Ｉ型，要多跟主管面對面互動，多聊些日常，也不要太嚴肅，盡量讓主管多講一些。

S型的人說話慢而溫柔，陳述少，避免目光接觸，流露活潑的面部表情；動作緩慢且幅度小，但面帶微笑；典型S型的人希望他人是放鬆的、令人愉快的、合作的、讚賞的。S型的人很友善，他們「準備好才做，但一定要做」。所以，面對S型的主管，要控制好節奏，語調要慢不能快，此類型的主管決策速度不快，因此必須預留充裕的時間，在交談的過程中，要顯現團隊合作精神。

2 簡報簡單就能強大

以前在台積電工作時，因為我的報告內容太多專業術語了，老闆有時真的聽不懂，就算他勉強聽了，過幾天也會忘掉。後來我發現，有一位同事很常在報告時善用生活化比喻，會將很複雜的資料，類比生活中的事物來清楚表達。

報告是上班族最能「被看見」的時刻，表現得好，就容易被老闆記住。久而久之，老闆就覺得他的報告、表達和邏輯，都比別人更好，年底要升遷，自然會想到他。

喜歡藉比喻說明的人，比較有幽默與創意力。當然在表達方面，也比較能讓對方聽懂你要表達的東西。例如，你要介紹不是在半導體產業工作的人，晶片是如何做出來的，你可以怎麼打比方？

你可以說：你們知不知道Pizza的製作過程？因為Pizza是大家很熟悉的物品，聽製作過程時，比較沒有距離感，再從Pizza製作過程，對應到半導體的製造過程，就能讓更多人聽懂。

你可以問：大家喜歡吃什麼Pizza的口味呢？Pizza的種類非常多，每個人喜歡的口味也不一定相同，因此在製作披薩前，要先弄清楚消費者需要什麼口味。半導體的晶片製造也一樣，在做晶片前，也要先了解客戶到底想設計何種晶片。

把披薩送進烤箱前，你會加上一些番茄醬、乳酪、自己喜歡吃的食材，接著設定烘烤時間，過幾分鐘後，我們就可以吃到非常好吃的Pizza。晶片的製作也有點類似，製作晶片時，我們會經過好幾百道程序，這包括曝光、顯影、腐蝕、滲透、植入、蝕刻等等製程。所有程序都結束後，晶片的製作才算完成。

3 考量主管「最擔心的事」

我們在跟主管提案時，往往只會強調提案的好處，對提案的風險與副作用很少著墨。但如果副作用發生了呢？我們要採取的措施或處置方式是什麼？我們要如何避免副作用？當這些考量都能涵蓋在提案當中，且這個方案的好處大於風險時，你的提案就有機會被老闆埋單。

舉個例子：假設你的老闆在經營 Podcast，之前的錄音設備比較簡單，老闆想重新評估、購入比較好的設備。而你找到一款音質非常好的設備，雖然價格較高，但收音效果非常好，你興沖沖地想說服老闆買下這款設備，卻沒有考慮後續維修程序複雜嗎？方便嗎？修繕費用高嗎？如果未來要換地方錄音，攜帶方便嗎？如果你都沒有考慮到這些風險或副作用，一味地說這個產品很好，我相信，老闆接受的機率就不會很高。

超級提案的五技巧

我們要了解，為什麼有些人的提案簡報可以讓所有人都聽懂，有些人的簡報卻讓人有聽沒懂，這之間的差異在哪裡？說穿了，這其實就是整個簡報呈現的邏輯跟結構。

簡報的邏輯與結構，可以透過以下五個技巧，加以調整：

(1) 文字與顏色，要人看得清楚且舒服

我常看到很多簡報，字圖都小，或者顏色的搭配奇特，簡報是暗色，文字也是暗色，根本看不清楚。這種簡報，不免讓人認為好像是做給講者，而不是給聽眾看的。

之前在輔導企業、協助對方建立持續改善文化時，我參加了他們的會議。一位同仁在一張圖上，畫了九條線分別代表每個產品線的良率，如圖表 2-1 上圖所示。

請問你看完有什麼感覺？我當下感覺不太舒服，一件簡單的事被這張圖弄得很複雜。於是我問他：能不能用生活上的比喻，來說明這九個產品的良率？

舉例來說，可以用紅綠燈的方式呈現。在生活上，我們知道紅燈停、綠燈行。紅燈

圖2-1 良率圖的Before & After比較

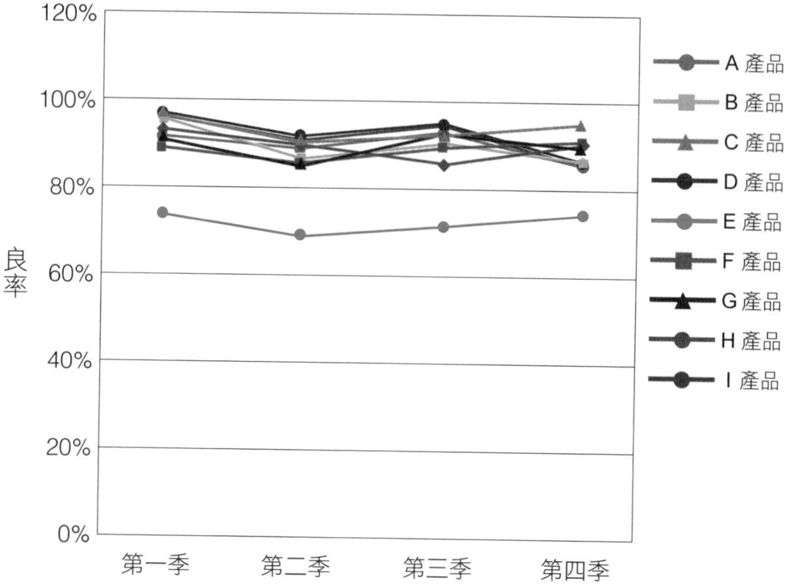

A產品：90%
B產品：93%
C產品：92%
D產品：95%
E產品：78%
F產品：88%
G產品：90%
H產品：96%
I產品：92%

用紅色表示E產品良率未達標，觀眾就能一目暸然。

用綠色（此處以灰色代替）表示其他產品良率皆已達標。

代表有問題，綠燈代表沒問題。如圖表2-1的下圖所示，把九個產品放在一個表格呈現，只要表格裡完全沒有紅色，就代表這週的產品都通過目標值，只要兩秒鐘，就能報告完這張表。如果九個產品中，有一個產品的顏色是紅色，代表這個產品良率偏低，那就只要針對這個產品做補充即可。用紅色表示沒有通過目標值的方法，其他通過的用綠色表示，就能快速、明確地掌握除了E產品良率低於八〇%，其他產品良率都達標。

我在台積電時，也常用紅綠燈的方式，來呈現各產品、機台、廠區的好壞，一個表格加上用紅綠燈來呈現，讓人一目瞭然。

(2) 先講結論，再提論述

有些工程師比較不擅長報告，習慣依序說問題、實驗方式、數據，最後講結論。講了二十分鐘才進入結論，這很考驗主管耐性。若是遇到D型主管，很可能會直接被打回票，然後撕掉報告。我建議在簡報過程中，開頭五分鐘先提結論或重點，讓主管感受到接下來聽簡報的時間是值得的，這樣主管就會比較有耐心聽你講論述與細節。

(3) 邏輯、脈絡要清晰

若是不擅長邏輯推導，可以參考我為提案簡報設計的主架構，分為三點，簡稱PSR架構——問題是什麼（Problem）？你的解決方案是什麼（Solution）？為什麼解決方案可行，你的合理性在哪裡（Reasonable）？

圖表2-2 PSR架構

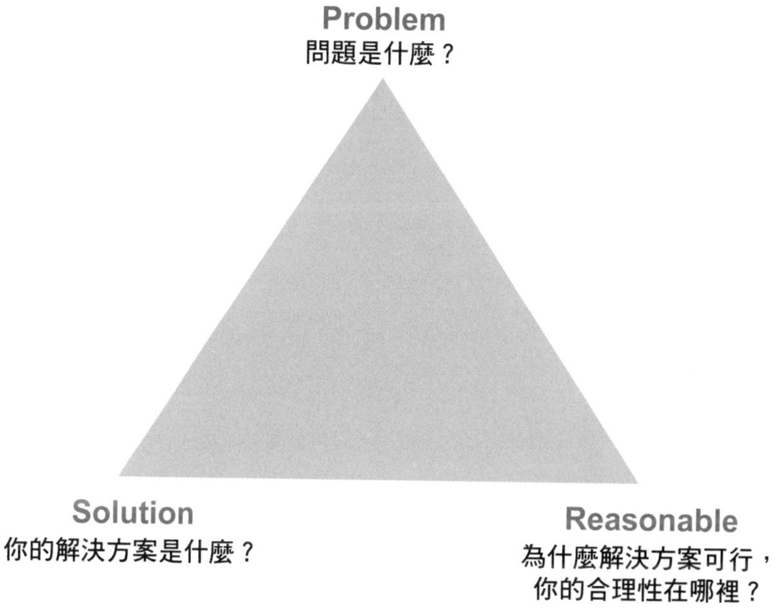
Problem
問題是什麼？
Solution
你的解決方案是什麼？
Reasonable
為什麼解決方案可行，
你的合理性在哪裡？

以下舉一個常見的網路行銷例子，來掌握ＰＳＲ架構。

Ｐ（問題是什麼？）：某公司的網站流量很低，平均每個月只有五十人次，以至於公司網站根本排不上搜尋引擎的排名。

Ｓ（你的解決方案是什麼？）：利用搜尋引擎最佳化（search engine optimization, SEO）來調整網站，以及提高搜尋引擎排名的方式。

Ｒ（為什麼解決方案可行，你的合理性在哪裡？）：經過專家訪談與查證，利用ＳＥＯ搜尋引擎最佳化確實可以提高公司網站的排名。

以此架構思考簡報，就能比較全面。

(4) 資料來源有公信力

提案報告中，你會參考很多資料，這些資料可能來自於網路。但網路資料多且雜，在提案時，一定要找極具公信力的機構所呈現的資料，資料愈新愈好，且盡量採用第一手資料。

(5) 簡報時，要跟主管與同仁有目光接觸

許多人在簡報時，眼睛都看著投影幕，背對觀眾，這真的不是好習慣。這代表你對簡報內容不熟悉，或是根本不重視簡報。上台簡報要有自信，最好的方法就是把簡報內容背起來，大方面對聽眾簡報。

Chapter 20

不知問題出在哪？「P.Q.C.D.S 解題邏輯」讓你快速找到問題核心

遇到問題時，你會用什麼邏輯去解決問題？我相信有人會說：「要先了解那是不是問題，要了解問題背後的問題呀！」也有人會開玩笑說：「如果這問題不是我造成的，我就不解決了。」

在職場日常中大家都會處理哪些問題？有人說：要處理生產線、產品交期的問題；也有人答：產品不良率、降低製造成本、部門缺人、組織溝通不良、客訴處理、專案、主管相處的問題等。聽完上面的問題，你有什麼想法呢？當然是感到快滅頂，問題超級多卻永遠解決不完，對吧？

接著，我再問：一般來說，在公司遇到這些問題，大家都怎麼解決呢？公司大都表示靠經驗，因此會召集相關人士，開會討論問題。這套解決問題的情境，是不是很熟悉？

問題有分類，解題才會快

這幾年，我在企業授課輔導時，常跟學員分享一句話：「如果先將問題分類，解決問題的速度就會快。」

依據問題的類型，解題的邏輯會有所不同。如果你把這些解題的邏輯學會，就可以快速解決問題。**工作問題可以大致分成五類：**Productivity**（生產力問題）**、Quality**（品質問題）**、Cost**（成本問題）**、Delivery**（交期天數問題）**、Service**（服務問題），簡稱**P.Q.C.D.S.。分述如下：

(1) Productivity（生產力問題）

生產力指的是單位時間的產出，生產力的計算公式是：產出除以投入的單位時間，而分子的產出的計算公式也可以這樣表示：每個產品製造所需時間乘以數量，而分母也可以是實際生產時間。

生產力公式＝產出÷投入單位時間
＝（每個產品製造所需時間×數量）÷實際生產時間

若某家公司昨天生產線投入可生產時間二十小時，總共完成了兩百個成品，因此生產力就是每小時產出十個成品（兩百個成品除以二十小時，等於每小時完成十個成品）。

如果希望將目標改為每小時完成二十個成品時，該如何解決這個問題？這就是生產力的問題，公司希望單位時間內產出要變多。一般來說，會從生產力公式的分母或分子來拆解，不是讓分子變小，就是讓分母變多，為什麼一天二十四小時，但是實際上可生產的時間只有二十小時？如果可生產時間能增加一小時，那麼每天就可以多十個產品的產出。

另外，每小時完成十個產品，代表一個產品需要花上六分鐘，從這個角度就可以思考何處還能提升效率，例如：重新思考生產產品的方式，改善作業流

圖表2-3 P.Q.C.D.S解題邏輯checklist

先分類問題

問題類型	解決問題的邏輯	請確認
Productivity（生產力）	1. 從生產力公式分析	☐
	2. 縮短生產一個產品的時間	☐
	3. 可生產時間變多	☐
Quality（品質）	1. 使用 80/20 法則，找出關鍵問題	☐
	2. 探討成因	☐
	3. 思考對策	☐
Cost（成本）	1. 了解成本結構	☐
	2. 設定降低目標	☐
	3. 提出創意對策	☐
Delivery（交期天數）	1. 畫出流程圖	☐
	2. 計算所需時間	☐
	3. 透過 ECRSI 改善流程與創新	☐
Service（服務）	1. 設計問卷，了解服務問題	☐
	2. 採用交叉分析，找出關鍵問題	☐
	3. 對症下藥處理	☐

程，或許就會有很大的突破，若一個產品可以變成兩分鐘完成，那一小時就可以產出三十個成品。

(2) Quality（品質問題）

降低產品不良率、客訴等，都是品質相關問題。一般來說，品質問題常使用「80／20法則」來找出其中關鍵問題，然後深入探討問題的根本原因，接著思考對策解決問題。

以降低客訴為例，當大量客訴出現時，客訴件數中，有沒有較為關鍵、常被投訴的議題？若 A 公司去年整年，客訴件數十件，經過分析發現，高達八件都與產品不新鮮有關。那麼，產品不新鮮就是所謂的關鍵問題。然後，再針對為什麼產品不新鮮，使用「5 why 分析」[8]來思考尋找原因，這就是品質問題的解題邏輯。

另外，再以降低產品不良率為例，假設有個產品目前不良率很高，這時使用 80/20 法則去找出關鍵問題，結果發現大部分的不良率，有高達八〇％的產品都有刮傷，找到

[8] 相關說明，可參照《思維的良率》108 頁。

這個關鍵問題之後，你就可以往下了解是什麼原因造成刮傷，這個時候你就可以用「5 why 分析」去深入找出根本原因，然後下決策，進而提升產品良率。

(3) Cost（成本問題）

降低人事、製造、生產成本或某部門的水電成本，都是屬於此類問題。

遇到要降低成本的問題時，首先要了解「成本結構」，將已發生的成本進一步分解，從中找出各成本的數字，再針對各成本項目去設定降低目標，確定下降的幅度。接下來思考，要如何透過創意對策，降低成本，以達成目標。

要降低公司的營運成本，在拆解成本結構後，發現營運成本可列為A＋B＋C，而B的成本有比較大幅度的改善空間。那麼，若要降低整體營運成本，就可以優先調降B部分。

(4) Delivery（交期天數問題）

交期天數又稱為作業天數，一個產品要花多久時間完成，一個作業要花多久時間完成等，都算是這個問題的範疇。

解決此問題最好的方式就是畫出完整的「流程圖」（相關內容，請參考 Chapter 14）。針對工作流程的每個步驟，把所需時間計算出來。如此一來，哪個步驟花的時間特別長就會很清楚。接下來，就可以透過流程的排除（Eliminate）、合併（Combine）、重組（Rearrange）、簡化（Simplify）、創新（Innovation），簡稱 ECRSI，來做流程的改善與創新。

很多公司都有新產品開發流程。如果要縮短新品開發天數，可以把開發作業的步驟逐個畫出來，然後分析每個開發步驟平均多久。這時，你可能就會發現，在客戶需求確認的步驟，花的時間太長。此時，你要設法降低此步驟所花時間，整體開發天數可能就會大幅下降。

(5) Service（服務問題）

員工、客戶滿意度調查等，都屬於服務問題的範疇。假設公司內部針對員工餐廳的滿意度做問卷調查，結果發現員工的滿意度偏低，這時要如何解決問題呢？

首先，先列出滿意度偏低的題目，例如：伙食沒有多樣性、等候時間太久、東西太油太鹹等，也寫出滿意度較高的題目，例如：餐桌很乾淨、有電視可以看、環境舒適等做交叉分析。接著，可以再繼續去了解滿意度偏低的問卷，是由哪些部門的同仁所評分？得到這些資訊後，可以再做交叉分析。分析完成後，你會得到線索，例如：滿意度中的伙食吃不飽的問題，大多來自生產線的作業員，而且是男生。

針對滿意度服務的問題，採用交叉分析，其實就可以找出關鍵問題，只要針對關鍵問題對症下藥即可。

我在台積電工作時，真的體會到「問題先分類，解決問題才會快」的道理。針對不同的問題類型，使用對應的解題邏輯，讓解題的思維良率可以提升，而不是一招武功可以解決所有的問題。

未來遇到問題時，先想好此問題是P.Q.C.D.S中哪一種，然後再運用本篇所提到的解題邏輯，就能快速解決問題。

Chapter 21

「層別法」帶你走出問題泥沼

有一次我在企業輔導「問題分析與解決的專案」時，有一組的報告令我印象非常深刻。

這是一家做飲料的公司，鋪貨通路是在 7-11 和全家。而他們遇到的問題是，飲料在出貨前常會有破損的狀況，他們想找出破損的根本原因，提高產品品質。目前的產品破損率是五%，而他們的目標是〇%。

是什麼原因造成產品的高破損率呢？在輔導的會議中，公司的協理也參與討論，他聽了大家討論之後，忍不住開口：「你們在找原因時非常發散，很像大海撈針，全是用自己的經驗在找原因，亂槍打鳥、毫無邏輯，根本不知道問題出在哪。」

聽到協理這樣講，我馬上拿起麥克風，緩和一下會議氣氛：「大家現在的分析方式，如果遇到比較簡單的問題，其實沒什麼問題，只是當你遇到了比較複雜、有時效性的問題，使用層別法可以快速幫你分析聚焦，找到關鍵問題。」

層別法是什麼？

層別法是一種分層別類的問題分析方法。為了拆解問題，將資料根據某種標準或變數加以分類、分析，需要結合直條圖、大餅圖或柏拉圖呈現，層別只是過程，重點是層別分析後的結論或發現。花一段時間，運用80／20法則，就能找出影響問題八〇％的二〇％的關鍵問題，徹底解決問題。

舉個所有在職場工作的人都可能遇到的問題為例，就是為什麼我每天都那麼晚下班？首先，先分析你一整天做的事情，結果發現有三種工作類型：日常工作、專案工作與開會等。接著，分析哪種工作種類占你工作時間多久，結果發現一天上班時間裡，竟然有高達六〇％的時間都在開會，因此必須從縮短開會時間來著手改善問題，這就是層別法分析。因為此問題不複雜，所以省去圖表呈現就可得知。

我相信上面的敘述，大家可能都看得懂，但是回到工作崗位上，卻不一定知道該如何運用。我把層別法分為五大步驟，讓大家能按把操課。

- **步驟1**：你的問題是什麼？
- **步驟2**：從問題尋找分析資料。
- **步驟3**：針對分析資料做分類。
- **步驟4**：從分類中找資料，透過直條圖、大餅圖或柏拉圖來呈現。
- **步驟5**：從圖形寫出結論。

層別法應用：飲料破損率過高，怎麼解決？

回到產品破損高的問題。假設，產品破損的瓶子數量總共有一百瓶，我們想了四個類別來分類。此種分析稱為「個別層別」，也就是針對一群資料做單獨層別。

- **產品別**：哪一種產品的破損率較高？

● **排班別：**哪一個班別的破損率較高？是日班、中班，還是夜班？

● **破損位置：**瓶子破損都出現在哪些位置？

● **破損缺陷：**破損的情況是裂掉？有很大的裂痕？還是一點點損傷？

我們針對這四個類別分別找出數字，結果發現，在破損的位置（分為瓶子上面、中間、下面），居然有九〇％的破損位置，都是在瓶蓋附近的位置，也就是瓶子上方。

接著，我們根據破損位置，再做層別分析。這稱為「連續層別」，也就是根據一群資料做層別、層別、再層別，由此畫出層別法的樹狀圖。我把這個樹狀圖稱為「層別樹」。層別樹可以幫助我們看出問題分類的全貌。

接著我們用排班別來分析，後來也得到非常關鍵的線索，就是九〇％瓶子上面的位置，居然有高達九〇％都是在夜班發生的，等於有八一％（九〇％×九〇％）的產品破損來自於此。從上面的例子換算，破損的一百瓶中，有八十一瓶在夜班發生，破損位置在瓶子的上方。

分析到這裡，教室同仁的眼睛為之一亮。接下來，只要針對夜班同仁去了解，去實

圖表2-4 產品破損的個別和連續層別示意圖

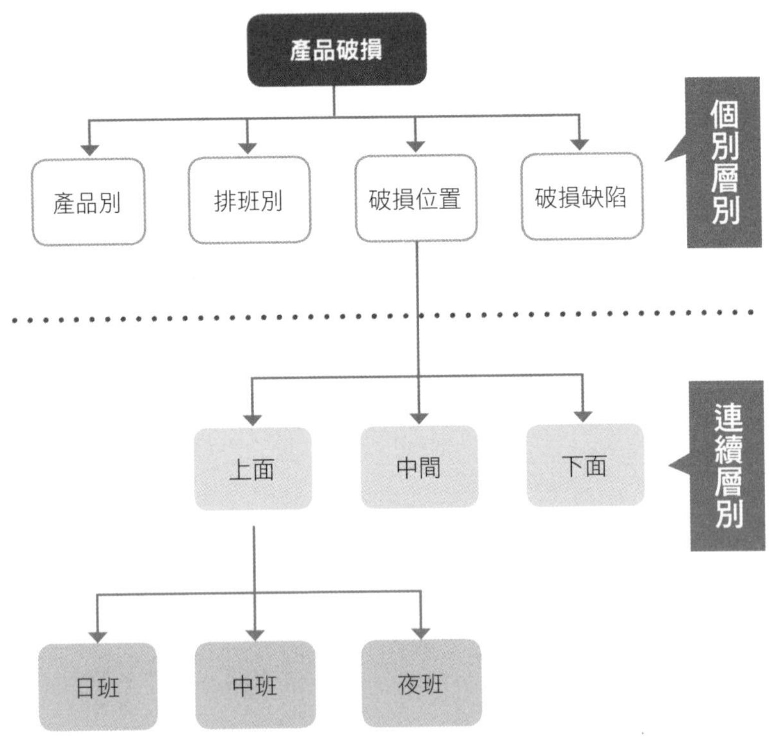

際現場了解，就能快速找出破損原因。問題經過拆解後，關鍵問題浮現，原因出來了，對策也出來了，問題就可以快速解決。

而在分析的過程中，都要符合 MECE 原則（詳見下篇），也就是資料要彼此獨立、沒有遺漏，因為資料如果漏掉就會喪失分析機會，若有彼此重複，在分析上就會造成很多困擾，導致做錯決策。

假設有一群資料，在破損位置處要分析，都應該可以歸類到上面、下面、中間，這樣便代表沒有一筆資料漏掉。另外，假使定義清楚，任何一筆資料只會屬於三個分類中之一，上面就上面，中間就中間，下面就下面，這便代表資料沒有重疊。總之，我們需要檢視分類的設定和分析的資料是否都符合 MECE 原則。

層別法的優點不僅在於能幫助我們找到解決問題的曙光，更重要的是，它一點都不難。只要我們在解決問題時，記得踩住煞車，先拿出層別法分析。只要能找到關鍵問題，解決問題的速度就快了。

Chapter 22

「MECE 分析法」讓你從高點看全局

解決問題時，你如何才不會偏向某個特定角度，而能全面性的思考？我在台積電擔任內部講師時，公司就會運用 MECE 概念解決各種問題，而後在輔導學員時，大家對此方法的回饋也多有好評，非常認同能突破思考上的盲點。

MECE分析法的兩大原則

MECE 分析法，全名是 Mutually Exclusive Collectively Exhaustive，意指「相互獨立，沒有遺漏」。換句話說，就是對於重大議題，不重疊、不遺漏的分類，且能藉此有效掌握問題的核心，找到解決問題的方法。

MECE 有兩條主要原則：

完整性：拆解工作、問題，思考對策的過程，要保證完整性

獨立性：工作、原因、對策的細分，要互相獨立，不得有交叉、重疊

每次上課時，我都會舉一個簡單的例子來說明：今天上課的學員總共三十五位，請問可以怎麼分類？這個時候很多學員會快速舉手回答，可以用性別、學歷、職位、部門、薪水來分。大家很厲害，這些變項確實可以用來分類。

接著，我會從中舉出一個類別來說明。例如：用性別來練習，請問在座學員，是男生的請舉手，是女生的請舉手，有沒有人沒有舉手呢？或是，有沒有人早上是男生，下午是女生呢？如果當下都沒有人舉手，從性別的分類上，我們就可以了解：沒有人重複舉手，代表做到了 MECE 的獨立性；沒有人沒舉手，表示符合 MECE 的完整性。

這個簡單的例子，可以讓大家快速了解資料分類在 MECE 分析上的應用。如果資料有所遺漏，在分析跟決策時就會有盲點。假若資料重疊，分析跟決策就可能徒勞無功。

接著，我會講兩個小故事，讓大家運用 MECE 的概念，突破思考的盲點。

對策思考的盲點：合約堆積如山，怎麼辦？

林小姐在一家電商上班，工作內容是負責跟供應商簽約。這家電商品項繁多，也有很多供應商想合作上架，因此，林小姐遇到的問題是：合約數量太多。

太多供應商想簽約，合約堆積如山，讓她消化不良，常常加班。她苦思半天，想出來的對策是：「降低產品合約的數量」。這個想法乍看之下沒什麼盲點。

不過，我問她：如果合約還是那麼多，數量降不下來，妳的思考對策會是什麼？她說，那就要想方法「提升人員審核合約的效率」，也許可以讓合約審核作業時間，再縮短三〇%。或者，當合約量居高不下時，也可以試著分析是否有些產品沒有賣點？簽下了這個產品，對公司來說，有沒有意義？藉此想辦法減少合約。

以上思考對策就是運用 MECE 分析。我們將分類的類別，分成合約數量的「增加」和「減少」，透過這兩個類別，各自思考對策。這兩個類別有獨立性、完整性，對策的思考因此能具備整體性，不會有盲點出現。

尋找問題原因的思考盲點：如何尋找客訴的原因？

大家在解決問題、尋找根本原因時，有時候太單點思考了。例如，有一家公司最近一段時間被客訴，經過分析之後，發現客訴件數比往年多了二〇％，因此公司冒出的問題是「為什麼今年的客訴件數比去年多了二〇％」。當試圖解決此問題時，他們推測的理由是同仁不夠專業；那為什麼不夠專業，因為是教育訓練不夠，或者是大家經驗不多、沒有經驗等。你發現了嗎？這家公司將客訴問題完全歸咎於人員。

但是你若運用 MECE 分析法，就可從四面向思考原因，分別為：人、流程面、產品面、系統面的問題等。只要從這些面向來思考，就一定能列出所有的原因，也等於把所有可能的原因全部一網打盡，因此就能夠完整地找到根本原因。

以上兩個案例，一個是對策思考的盲點，一個是尋找問題原因的盲點，而這些盲點，就是大家在職場上都容易陷入的直覺、習慣性思考。思考的面向過於單點思考，欠缺全局觀，但如果你套用 MECE 分析法，就會發現這兩個案例都缺乏完整性。

因此善用 MECE 分析法，不重複、不遺漏的思維，教你從高點看全局，能藉此有效掌握問題核心，找到解決問題的方法。另外在運用、分析後，就能察覺自己是否滿足完整性，檢視思考面向是否有所遺漏。

重點提醒

我在實務上常用的許多分類框架也都符合MEMC原則。「2×2矩陣分析」（四個象限）、「二分法分析」（加人與不加人，制度與非制度等）、「4P分析」（Product、Price、Promotion、Place）、「SWOT分析」（優勢、劣勢、機會、威脅）、「3C分析」（競爭者、自己公司、客戶）、「7S分析」（策略、結構、系統、技能、人員、風格、共同價值）；製造業中所遇到的問題：人、機、料、法、環；服務業中遇到的問題：人、制度、流程，以及「艾森豪矩陣」。

「艾森豪矩陣」是依重要、急迫，將各種狀況拆解放進四個象限。它的好處是能夠一目瞭然，哪些工作落在哪些象限，哪些工作該盡快排進優先處理順位。而這個矩陣的清晰分類，同樣也做到了完整性、獨立性兩項原則。

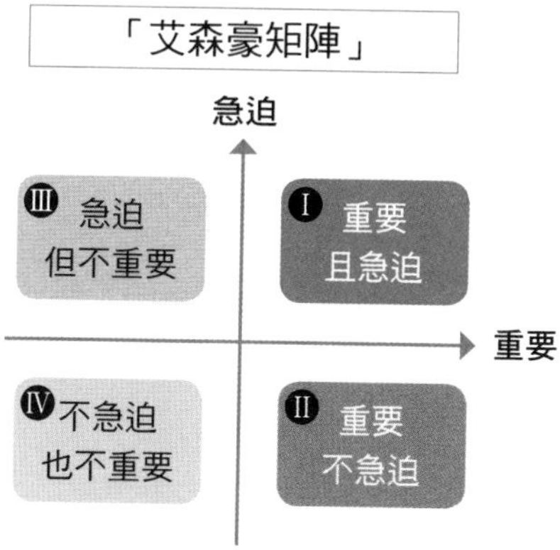
「艾森豪矩陣」
急迫
重要
Ⅲ 急迫
但不重要
Ⅰ 重要
且急迫
Ⅳ 不急迫
也不重要
Ⅱ 重要
不急迫

Chapter 23

「蘋果對蘋果思維法」讓你正確評估數據

前述的MECE分析法可以突破邏輯思考上的盲點。而一旦在比較基準上出錯，就很容易做錯決策、浪費資源。為了解決這個狀況，我提出了「ATA思考法」。

ATA（Apple to Apple），字面上的意思是「蘋果比蘋果」，代表在**分析問題時，比較分析的基準要一致**。例如，香蕉跟蘋果兩者不在一個水平，就無法比較哪一個更好。但若是日本的蘋果跟台灣的蘋果比，我會說：台灣的蘋果更好吃，因為水分更多。同樣是蘋果，基準點相同就可以拿來比較。

ATA思考法，最早源自台積電的職場經驗。我曾有段時間在生產製造部門任職，當時每天早上都要開生產會議，生產會議上遇到的所有問題都需要進一步分析、解決。那時候就常聽主管說，所有的比較必須要蘋果對蘋果才會有意義。

以下兩個實際案例，你能從故事中發現思考盲點嗎？

被倒帳金額，今年比去年更多？

故事一：大雄是賣水產海鮮的中盤商，海產店客戶來自快炒店跟餐廳。當快炒店人山人海，餐廳舉辦大型宴會時，大雄海產公司的生意就會蒸蒸日上。

有一天，公司會計發現問題：今年整年被快炒店或餐廳倒帳的金額，比去年整年還多，大概多出五〇%。所謂倒帳，就是貨款收不回來，辛辛苦苦送貨給客戶，但是錢卻收不到。大雄看到這個數字，非常生氣，要求業務檢討：為什麼今年的客戶倒帳金額那麼多？

如果你是大雄，你跟他會有一樣的反應嗎？還是有其他的思考方式？

相信大部分人跟大雄一樣，會先去檢討為什麼倒帳金額那麼多。但這樣思考，卻違反了ATA思考法。因為雖然會計發現問題，卻沒有在同一基準下比較數值。而年分不同，不能只看倒帳金額，還要看營收規模。如果今年營收超高，就算倒帳金額多一點，也還在可接受的範圍。

假設去年營業額一千萬，今年營業額兩千萬，因此去年倒帳占營收的比例為一〇%（一百萬除以一千萬），今年倒帳比例為七．五%（一百五十萬除以兩千萬）。以ATA方法思考，其實今年的倒帳比例，還沒有去年高。

市場調查報告，參考多家研究機構資料？

故事二：有一家公司找我們推行升級持續改善文化，在輔導的第一年，我們要求對方，必須在公司專案中，加入我們提供的方法論，用以解決問題。輔導過程中，我派給其中一組的工作，是請他們呈現近幾年的市場及產品趨勢資料，報告中需包含過去的資料和未來預測，這樣才能知道公司產品要如何定位。

兩週過後，我去公司輔導，這一組來報告他們搜集的資料，包含過去三年跟未來兩年的數據。我在聽報告時，覺得怪怪的，因為過去三年和未來兩年的資料，看起來出自兩個不同的研究機構。

在我的提問下，果不其然，這五年的資料，確實是來自不同的研究機構。於是，我問他們：請問過去三年的資料來自A機構，未來兩年的資料來自B機構，將這兩個機構的資料合併使用，這樣做出來的趨勢會有什麼盲點？這時，會議室瞬間變得非常安靜。

我告訴他們，沒有在同一基準上，無法看出合理的趨勢。因為不同研究機構，研究假設不同，既然假設不同，就無法把兩份資料合併研究。當下，我告訴他們：這樣違反了ATA思考法，我希望他們可以重新找資料。而且就算找不到相同基準的資料，至少也要很清楚知道這是截然不同基準的資料，那麼思考上就也不會看錯，進而做錯決策。

我們在思考時，常會落入思考的陷阱。而**善用ATA思考法，可以突破我們在比較數字、問題、指標時的盲點**。這個思考法看似簡單，但威力非常強大。

■練習時間

案例

某間大學的廚藝學系學生，今年考取「丙級烘焙食品技術士」專業證照的張數比去年減少了二五%，此成績會影響學生尋找理想機構學習生的職缺。因為沒有通過證照的學生，只能在一般的餐廳實習，而無法在類似王品這一類比較知名的餐廳，就無法替自己在履歷上加分。

正確解答

此分析違反了ATA思考法。因為，假設今年考取的張數是七十五張，去年是一百張，從這個角度上是減少了二十五張，這個數字乍看好像合理，但是考取張數其實也跟廚藝學系學生人數有關。假設這屆廚藝學系的學生，本來就比去年少很多，通過的張數理當也會跟著變少，因此無法單就案例的敘述上，就可斷定推論是否合理。因此，更適當的方法還需了解通過證照張數，在當屆廚藝系學生人數的比例，才會比較正確。

Chapter 24

「萬用問題表單」提升你九〇%邏輯能力

大家工作遇到問題時，最常用自己習慣的方法處理。這些方法不外乎是，依賴過去記憶中的成功經驗。只是按照這種方法常常會受限於框架，無法徹底解決，因此學習系統性的方法來解決問題就顯得非常重要。

如果有一個工具，它解決問題的威力造成了小小轟動，連世界級大公司的棘手難題也能靠它找到線索，進而破案。你會不會好奇這是什麼工具呢？

當年我在台積電工作的時期，因為擔任「問題分析與解決」課程的內部講師，推廣了一些工具。其中有一個系統性解決問題方法讓我印象非常深刻，記得那時這門課在公司內部還是一堂必修課程（「KT式理性決策方法」）。後來聽說，公司內部有些不容易解決的問題，就是透過這個工具，找到線索而且破案，這個工具當時也造成了小震撼。

在KT式理性決策方法中，有一個分析法非常厲害，我簡稱為「is /is not 差異分析法」，也可叫做「是／不是差異分析法」。此種方法其實就是另類的類比思考法，首先先說明何謂類比思考法。

類比思考法是？

大家可以想像如果公司裡有兩台設備，都是一樣的型號、生產年分、製造廠商，那為什麼一台常常有問題，另外一台比較沒問題。請問原因出在哪裡呢？經過分析之後，你可能會發現，也許這兩個機台操作人員不太一樣，又或者是設備裡某個零件的廠牌不太一樣。或許從上述的差異比較中，你可能就會懷疑，是不是這些（人或零件）差異是造成這一台常常故障、另外一台沒問題的主因。

這種比較的差異法，其實就是類比法。因此**類比思考法就是把兩個或兩類事物進行比較、推理，找出兩者的相似點和不同點，然後運用同中求異或異中求同的思維方式，進而解決問題**。例如：以「好與不好」，或者是「以問題與不是問題」來做差異分析，只是針對不同的問題，比較的項目會不太一樣。

實例說明 is /is not 差異分析法

接下來，說明 is /is not 差異分析法。只要學習這一張表單，就可以提升你九〇%的邏輯能力。is /is not 差異分析法總共有六大步驟，依規定的步驟，針對問題進行審慎思考的推理和判斷。基於觀察別的事實來開展對問題的調查，合理並有效地縮小假設原因的範圍，在審慎思考後，以推理方式得到合理的結論。

大家都知道台積電是做晶圓的，但為了做出晶圓光罩產品極為重要。光罩是積體電路製造過程中，必備的基本設備。它是一片透明的石英玻璃，主要用途在於將積體電路的各種電路設計圖形，轉化為晶圓製造廠大量生產所需的介面模具，並扮演著在電路設計被轉印到晶圓上之重要角色，就類似相機中的底片。光罩若汙染，就會被轉移至晶圓上，造成良率下降，所以讓光罩保持無汙染、無微粒（particle）至關重要。處理光罩汙染問題非常複雜，為了讓讀者便於掌握 is /is not 差異分析法，我加以簡化複雜性說明。

若一個〇．一八微米的第一層光罩（〇．一八微米約共有二十層光罩）發生些許的微粒，由於這些微粒，可能會造成晶圓報廢，萬一報廢事情就嚴重了，損失金額都是以億為單位估算，因此必須馬上解決。當大家沒碰過這樣的問題，不知道該如何是好時，我們就使用 is/is not 差異分析法來解決。可參考此章文末圖表 2-5 了解，由左而右依序不同欄位進行填寫，若沒有差異點或不確定，可以直接填入ＮＡ。

步驟一、具體描述問題

使用3W1H（What：發生什麼問題；Where：問題在哪裡發生；When：問題何時發生；How：問題影響的程度），擬出八個問題，具體描述當前狀況，填入「發生問題」（IS）的那一欄，意指有問題的地方。

①什麼物件有問題？（What）
②發生什麼問題？（What）
③在地理位置上的哪裡？（Where）
④發生在物件的哪個地方？（Where）
⑤最初發現問題是在何時？（When）

⑥問題何時被再次發現？（When）
⑦有多少物件有問題？（How）
⑧發展趨勢是什麼？（How）

我們先完整描述〇．一八微米的第一層光罩發生微粒問題，時間是在十月五號的下午一點。

步驟二、分別描述對比的比較物件

步驟二是這個方法的關鍵，也是初學者最容易弄混的地方。抓出「比較物件」（IS NOT）：可能發生問題、卻沒有發生的，描述下述八個問題。

①有什麼類似的物件可能有問題，卻沒有發生？（What）
②有什麼問題理論上應該有，卻沒有發生？（What）
③有什麼其他地方可能有問題，卻沒有發生？（Where）

④此物件的其他地方應該也有問題，為何卻沒發生？（Where）
⑤還有什麼其他時候，該是問題初次發生的時間點，卻沒有發生？（When）
⑥還有其他什麼時候，可能會發現此問題，卻沒有發生？（When）
⑦有多少物件可能有問題，卻沒有出問題？（How）
⑧有什麼可能會出現的趨勢，卻沒有看到？（How）

根據這個光罩微粒的案例，我們就要問：為什麼是〇．一八微米的第一層光罩發生微粒問題，而不在〇．二五微米或〇．一八微米的其他層光罩？為什麼微粒發生的地方是在光罩的右邊位置？而不是在光罩的中央或左方？因為理論上，這些地方可能也會產生微粒，但為什麼沒有發生？這些訊息就是第二步要描述的資訊。

步驟三、進行成對提問，找出差異點

按照 IS 與 IS NOT，進行成對的提問，找出他們的差異點，並填入「差異點」一欄。

例如：A 專案與 B 專案的差異點，分別為專案性質不同，負責人不同，參與專案成員不同。

根據本文光罩有微粒的案例，你可以從「發生問題」跟「比較物件」，來尋找差異。例如：為什麼是第一層發生微粒問題，而不是其他層的光罩，這之間的差異點可能是：製程時間、設計、使用機器、操作人員等的不同。為什麼是發生微粒問題，而不是其他刮傷或缺角呢？這之間的差異又是什麼。

步驟四、進行成對的提問或差異點，找出變化

按照 IS 與 IS NOT，進行成對的提問，找出他們的變化，並填入「變化」一欄。如果已經盡量做好一切應做的事，但還發生問題，一定是有什麼變化。例如：改變了物料供應商，產生物料不一樣，因此發生問題。

以此案例來說，我們發現變化的訊息是出現在十月五日下午一點左右生產線的人員換班去吃飯與休息上。

步驟五、從差異點與變化找出可能原因，再驗證找出根本原因

經過分析思考後，我們懷疑可能是操作人員的問題。這時間剛好是中午換班，微粒有可能是操作人員吃飯回來，帶了新手套卻沒有洗乾淨，以至於把手套上的微粒帶到光罩上面。在可能原因下，寫出推測的原因。

而且，微粒是在出現在光罩右邊，去現場了解後，發現操作人員在拿光罩時，都拿光罩的右邊。尋找佐證資料後，可以發現真正的原因是，A操作人員所帶的手套沒有清洗乾淨。因此，在檢驗結果下，填入Y。

步驟六、從根本原因，思考可行對策

找到根本原因後，我們立即加強宣導，另外也研究有沒有哪一種手套是不會把微粒帶上光罩去的。同時，我們也思考永久對策，就是不要有人去拿取光罩，直接由自動化來取代。最後我們也建立SOP，然後把這件事情水平展開到其他單位，避免此問題再度發生。

圖表2-5 萬用問題解決法is/is not表單實例

具體描述問題		發生問題（IS）	比較物件（IS NOT）	差異點	變化
何事（What）	① 什麼物件有問題？	0.18微米第一層光罩	0.18微米其他層的光罩	1. 製程時間不同 2. 設計不同 3. 使用機器不同 4. 操作人員不同	NA
	② 發生什麼問題？	微粒	刮傷或缺角		
何地（Where）	③ 在地理位置上的哪裡？	A廠3樓	B廠3樓	1. 廠房不同 2. 微粒位置不同	NA
	④ 發生在物件的哪個地方？	光罩右邊	光罩中央或左邊		
何時（When）	⑤ 最初發現問題是在何時？	10/5 13:00	10/5 13:00前或後	1. 操作人員不同	中午人員換班
	⑥ 問題何時被再次發現？	NA	NA		
程度（How）	⑦ 有多少物件有問題？	一層光罩	一層光罩以上	1. 光罩層的數目不同	NA
	⑧ 發展趨勢是什麼？（就問題而言）	持平	持續發生		
可能原因：					檢驗結果
1. A操作人員所帶的手套沒有清洗乾淨					Y
對策：1. 暫時對策：加強人員宣導 2. 永久對策：不用人力拿取光罩，直接由自動化來取代					

透過這個例子，不知道大家是否感覺到，藉由 is/is not 差異分析法，一個表單就能真正解決問題。因為，這個表單已經包含了解決問題的邏輯、步驟，只要一步步釐清，就能抓出問題所在，抽絲剝繭，很快就會找到答案。

各產業、公司都可活用

接下來我想補充說明。有些人可能會懷疑，這個工具是不是只適用在科技業跟製造業，其實不盡然，重點是只要將此工具稍微調整就能活用於各種產業和公司。它依然是非常好用，而且也超簡單上手。我這幾年已經在服務業跟金融業，傳授過此工具，效果也非常好，也解決了很多管理問題，更突破了他們解決問題的盲點。以下我用房仲業主管遇到的問題示範。

有一家房仲業的分店主管，店裡共有五位業務專員，其中有一位業務專員 Sam，因為績效不好，最近常常被主管約談。而這位分店的主管也覺得很奇怪，因為店裡面其他的業務專員績效都不錯，就算在疫情期間也沒有受太大影響。

我們將 Sam 和其他四位業務分成兩組，比較六個項目的差異：「目前委託加數」（買與賣）、「負責的客戶類型」、「工作時數」、「平均成交時間」、「成交筆數」和「平均周旋天數」，發現關鍵的影響因素是，Sam 跟其他業務專員負責的客戶類型完全不同。因此，可以推測在疫情期間，Sam 服務的顧客，也就是選購中古公寓的消費者，對於買賣房子的態度比較保守，會覺得等疫情結束後再消費比較妥當，因此成交時間跟周旋天數就很長。相反地，其他四位業務負責的客人，是選購豪宅物件，豪宅社區就算在疫情期間，有錢人仍然出手闊綽，只要價錢合理就會下手了。

透過分析，主管就可了解到 Sam 其實業績不好是情有可原。因為他負責的客戶類型受疫情、景氣影響。

Chapter 25

破除想像、直覺的「真因三步驟 HVJ」

最近聽好朋友 Peter 講述一段任職公司發生的故事。該公司申請交通差旅費的機制一般是員工先支付，事後再跟公司申請。同仁因此抱怨申請時程，造成經濟負擔。

負責旅差費的單位是總管理處，他們一致認為，都是因為請款流程仍採人工紙本作業該部門同仁，才會導致申請耗時。因此，總管理處的同仁就把責任推給資訊部門，要求他們趕快將此作業電子化，希望能大幅節省時間。

針對這個問題，總管理處的同仁認為處理到這邊就算結束了，但是 Peter 卻覺得總管理處的同仁完全失職，似乎沒有徹底解決問題。他質疑，難道紙本作業流程就沒有辦法縮短時間？而且即便導入電子化，同仁還是需要花時間掃描票據、收據，似乎也沒有比較快。

聽完這個故事後，我內心有一些感觸。這幾年在企業授課輔導，也常常聽聞相似的事情，在解決問題的過程中，很多同仁都靠想像與直覺代替事實，使問題無法根除。即使沒有再度發生，卻建立了許多無謂的檢查機制來防堵，勞民又傷財！

真因三步驟HVJ，找出問題根本原因

為了解決上述問題，我提供了根本原因驗證的方法，只要三步驟就可達成，簡稱HVJ，而這三個步驟也是我這十幾年來在企業輔導常用的方法，接觸過的企業與同仁都表示非常受用，這些技巧方法我很少公開，現在不藏私分享給各位。

步驟一：假設（Hypothesis）

第一步驟是假設可能造成問題發生的根本原因，建議思考兩到五個即可，不建議超過五個以上，因為假設太多原因，會增加驗證的時間與成本。

在Peter故事中，問題是交通差旅費用申請時間長，因此你可以找一些曾經申請過旅差費的同仁一起腦力激盪，最後歸納出兩個可能的根本原因，分別是：

- 審核完成後，撥錢到你的戶頭時間長。
- 主管簽核時間長。

步驟二：驗證（Verify）

第二步驟是去驗證第一步驟假設可能的根本原因，是否是造成問題發生的真因。此步驟極為關鍵，需要找佐證資料來證明。因為問題的種類繁多，我再分享三個可以適用大部分問題的驗證訣竅：

①前往現場實際了解

很多的問題發生，有時候只要去現場了解狀況，原因就會浮現。

②提供過往資料佐證

有些公司的資料收集非常完整，「凡走過必留下痕跡」，當問題發生時，可以從公司系統查找資料。但若過去尚未收集資料，那為了未來作業便利起見，請將這一次的驗證紀錄歸檔。

③做實驗（對照組 vs 實驗組）：

將現存的做法設定為對照組，調整的做法就是實驗組，例如：電腦螢幕閃爍時，你推測原因出在顯示卡上。現有的顯示卡就是對照組，另外型號的顯示卡則是實驗組，如果不同的顯示卡，確實會造成螢幕的閃爍，就代表你的推論是對的。

再來，要決定你要採用何種方法，記住，在收集資料時，一定要確保這些資料的正確性，以及資料的樣本大小。我們雖容許少量樣本，但盡量收集超過三十個。如果發生食物中毒問題，至少有十個樣本才是說服對方的最低標準，否則你就很難說動人家。主要是若樣本數只有一、兩個就認定因果關係，說服力太低。

延續本文開頭的例子，假設交通差旅費用申請時間平均需要兩個月，採用過去資料驗證，發現審核完成撥錢到同仁的戶頭，就要花一個月，占所有情境比例的五〇%；另外，主管簽核的時間約三個禮拜，大概占所有情境比例的三五%。這些原因都應以事實、資料為依據驗證，而不是自己猜測或出自於想像。

步驟三：判斷（Judgement）

第三步驟是判斷根本原因是否為造成問題發生的真因。從步驟二的資料中做專業判斷，可以得知造成交通差旅費用申請時間長的兩個根本原因，分別是：

- 審核完成撥錢到同仁的戶頭時間長。
- 主管簽核時間長。

這兩個根本原因所花費的時間是所有情況比例的八五％。

以上就是驗證問題的真因三步驟ＨＶＪ，此方法技巧，無論在工作、生活中都適用。

Chapter 26

「TS分析法」兼顧問題的時空線索

當部門遇到問題時，一般大家習慣的解決思路可能是，了解這個問題何時發生，然後用經驗值和專業知識去找原因，並依此發想解決對策。

但是，要如何聰明解決問題？首先是分類問題屬性。先了解目前碰到的問題是新問題，還是舊問題。因為，**平均而論，公司高達八、九成處理的都是曾遇過的問題，只有低於一〇～二〇％的問題會是新問題**。而舊問題只要依循TS分析法的SOP就能節省時間和力氣。

TS（Time & Space）分析法指的是透過時間與空間概念的方法。當你遇到問題時，先質疑問題過去是否發生，這是時間概念。假設過去一年曾發生過一次，那麼就以一年前發生的時間點為起始點，將此時此刻再次發生的時間點設為終點，聚焦在這個時段內，開始分析空間、環境概念，這就是空間概念。

如果有一批產品發生刮傷，身為工程師的你可能馬上就開始收集很多資料，試圖找出原因，解決問題。但這樣的做法可能會把舊問題當成新問題處理，而浪費了資源和時間。若採用 TS 分析法，則是先了解過去同樣的問題是否發生過。假如已發生過，接著便詢問是何時發生，就能把當時解決此問題的資料找出來，了解為什麼當時已經解決了，現在卻又再度發生，研判這中間出了什麼問題。

同時，也發現在這兩個時間點中，整個產品生產的空間環境是否產生了改變。比較分析後發現，生產此產品的機器設備，在這段時間做了設備升級，把舊零件都換新了。另外，之前執行設備的操作人員被調到其他部門，因此現在的執行同仁年資都未滿一年，經驗較為不足。因此，也懷疑是否是新同仁因為設備操作不熟悉，所以造成產品發生刮傷。

歸納上面的文字敘述，可以知道 TS 分析法有三步驟提問。

① 你要解決的問題是什麼？

② 這個問題過去發生過嗎？

③為什麼之前發生過，現在卻又再度出現呢？

不良率突然變高，怎麼解？

這是個實際企業案例。有一位同仁在部門月會中，向主管報告公司產品的良率，結果發現甲產品在二〇二二年的五月不良率突然變高，而且已經持續兩個月了。

主管馬上要他們成立專案小組，專案目標就是降低甲產品的不良率，但同仁沒多想就直接聽從主管指示，會議後就立即找相關部門的同仁一起解決。結果他們就不小心把這個問題，當成一個全新的問題，徹頭徹尾地調查跟處理，結果花了將近三個月的時間，才解決此問題。

過幾個月後，我去此企業輔導，因緣際會知道了這件事，後來我建議他們利用ＴＳ分析法，重新思考解決方案。

問題一：你要解決的問題是什麼？

回答一：目前甲產品在二〇二二年五月與六月的不良率平均為一．七％，高於二〇二二年前四個月的平均〇．二八％。

問題二：這個問題過去發生過嗎？

回答二：在二〇二二年沒發生過，但在二〇二一年五月發生過一次，當時的不良率也高達一．六％。

問題三：為什麼之前發生過，現在卻又再度出現呢？

回答三：二〇二一年問題解決後，擬定了對策，也具體落實，後續幾個月產品的不良率便維持在很低的水準。接著，我們比較兩個時間點的空間環境，結果顯示使用相同的設備，也由相同的操作員跟工程師執行，物料的供應商也都一樣，人員操作的SOP也都沒有更改。最後，比較了機器參數的條件，結果發現二〇二二年五、六月的機器參數條件，跟過去不太一樣，再深入探討、了解到有一次機器保養後，有些機器的參數條件沒有回到原本的設定，因此才會造成產品的不良率飆高。重新設定後，不良率就下降到原來水準約〇．二%。

此專案組長就說，如果一開始，大家就使用此分析方法，就能在幾天內找到線索並解決問題，也不需要勞師動眾、耗時幾個月，非常沒效率。

TS分析法是一種邏輯思考方法，每個TS的步驟，就是一個提問句，一旦遵循這些提問，大家就能據此去尋找線索，就可以快速破解問題，也能強化自己解決問題的邏輯和思考能力。

圖表2-6 TS分析法三步驟提問表格

問題	讀者填入您遇到的問題
一、你要解決什麼問題？	
二、這個問題過去發生過嗎？	
三、為什麼之前發生過，現在卻又再度出現呢？	

Chapter 27

二十一世紀最重要的解決問題能力，遇到陌生問題，怎麼辦？

我有一位學員，平常很有活力，但某一次企訓過程，他完全沒有提問，臉上也沒笑容。我在課堂空檔關心他，他說：「謝謝彭老師的關心，這一陣子真的非常疲憊，最近公司發生很多問題，被客戶釘得滿頭包，且這些問題，都是過去從來沒遇過的，處理非常棘手。彭老師，如果遇到陌生問題，請問有沒有什麼好方法？」

當年我在台積電工作，**有二〇%的時間都在解決「陌生問題」**。每年我們都要做一個以上的創新專案，這些專案幾乎百分之百在解決陌生問題。有一年，我的創新專案做的是「建立自動化的產品價值行銷模式」。這件事從來沒人做過，我們也不知道怎麼做，是很新穎的題目。當年完成這個專案時，我內心無比感動，也有很大的成就感，到現在，我還記得這個專案是如何從無到有、一步一步建立了產品的價值行銷模式。

以「建立公司創新改善的文化」為例

解決陌生問題，可以靠有系統化的八步驟，就是「課題達成型方法」，包含：主題選定與建立團隊、課題明確化與建立攻堅點、方策擬定、最適策追究、最適策實施、效果確認、標準化與落實管理，以及反省與今後的因應。我以一家中小型公司岱稜為例，說明此系統性方法。

S1：主題選定與建立團隊

此家公司沒有推動過任何大型專案，但老闆、主管認為創新改善文化對公司至關重要，因此決定主題「建立公司創新改善的文化」。針對陌生問題找團隊成員時，除了在能力上找各部門最專業者之外，記得要找**有企圖心、積極性強、不怕輸等特質的同仁**。只要找對人，解決陌生問題就往前邁進一大步。而此專案由人資所發起，專案成員部門包括人資、管理、品保三個，屬於跨部門團隊。

S2：課題明確化與建立攻堅點

課題明確化是指明確定義主題。大家可以以提問來清楚掌握課題：何謂創新文化？如何確認一家公司有好的創新文化，好與不好是如何衡量。首先，透過網路收集、閱讀創新文化相關文獻資料，希望從多角度釐清、確認定義。專案成員大家一致通過，歸納出創新改善文化六項目，包含：組織理念、工作方式、資源提供、工作團隊運作、領導風格與效能、學習成長，後來執行長期盼將提高提案參與率加入定義，因此總結七項目來定義創新文化，如圖表 2-7「創新文化定義項目」那一行所示。

建立攻堅點是指消除期望差的對策方向，而望差值則是指期望水準與現況水準的差距。指標不同，定義也就不同，收集望差值的做法也有差異。

首先，針對上述六項定義，透過公司內部問卷調查，使用一到五分的量尺，得知現況水準。至於每個創新文化的定義項目，經由本組的成員討論，設定期望水準，接著將期望水準減掉現況水準，就是期望差。

第七項「提案參與率」項目，是公司為了激勵員工提出創造性建議與做法，所設計的提案制度，希望員工提案、經公司認可實施之後，能達到員工自我啟發並降低公司成本、提升品質及效率。現況水準、期望水準、望差值的算法不同於其他六項。現況水準的分母為「應該提案的同仁數目」，分子是「已經提案的同仁數字」，以此計算出提案參與率的比例。而期望水準的分母相同，分子則是預期提案的同仁數目。

接著，思考為了消除望差值，可以擬訂哪些對策方向，這又稱為「攻堅點」。此時要靠同組成員的腦力激盪，針對每個項目討論出各別的攻堅點。若主題為跟本例養成企業、創新文化有關時，經常以「讓員工感受到……」為描述方式。但如果主題是建置系統、大幅度改善滿意度時，攻堅點經常就會以「縮短、建立、降低」等的動詞為開頭。也就是說攻堅點的描述方式會依主題而定。

然後，以設定攻堅點的三項評價項目，來安排攻堅點的先後次序。評價項目有三：「消除望差值的可能性」、「上級主管的期待」與「公司現行階段需求」，是從一到五分來票選，若三個項目都給五分，那麼總分為十五分。從表中可知最後選出三個攻堅點，分別為「讓員工充分感受公司鼓勵創新」、「讓員工感覺在創新改善上可以獲得主管支援」、「讓員工感覺參與是有榮譽感的」。

圖表2-7 決定攻堅點

主題	創新文化定義項目	現況水準	期望水準	望差值	攻堅點	評價項目			總分	決定攻堅點
						消除望差值的可能性	上級主管的期待	公司現行階段需求		
建立創新改善的文化	1. 組織理念	3.5	4.0	-0.5	讓員工充分感受公司鼓勵創新	5	5	5	15	✓
	2. 工作方式	3.7	4.0	-0.3	讓員工感覺工作上有創新改善的空間	5	4	3	12	
	3. 資源提供	3.4	4.0	-0.6	讓員工感覺有足夠的資源進行改善	5	3	3	11	
	4. 工作團隊運作	3.6	4.0	-0.4	讓員工感覺夥伴都支持創新	5	4	4	13	
	5. 領導風格與效能	3.5	4.0	-0.5	讓員工感覺在創新改善上可以獲得主管支持	5	5	5	15	✓
	6. 學習成長	3.5	4.0	-0.5	讓員工感覺公司有提供足夠的資源	5	4	3	12	
	7. 提案參與率	0%	70%	-70%	讓員工感覺參與是有榮譽感的	5	5	5	15	✓

S3：方策擬定

此步驟是指針對步驟二所得的三個攻堅點，分別思考方策。如何思考方策呢？一般思考方策的方式包含：廣泛涉獵網路資源、參考其他行業的做法、請教顧問、開會腦力激盪等。本案例中，針對每個攻堅點各提出十個方策，總合為三十個方策。例如：針對「讓員工充分感受公司鼓勵創新」攻堅點，方策是對於創新失敗多點鼓勵，協助將新的創新做法申請專利等；針對「讓員工感覺創新改善上可以獲得主管支援」攻堅點，方策是部門員工創新改善有成效時，直屬主管連帶獲得表揚獎勵，各部門在會議分享創新優良案例；針對「讓員工感覺參與是有榮譽感的」攻堅點，方策是公告提案改善人員案例實績，提案同仁感謝卡製作與表揚等。

最後**根據資源分配、最迫切需要優先處理的項目與高階主管的期待等**，將三十個方策歸納為五個方策：①應進行多方面的宣傳；②應給予需要的創新改善訓練課程；③應制定簡單、易懂、易做的提案流程、④應成立創新改善服務窗口，以及⑤應每年舉辦全員參與的創新改善競賽活動。

S4：最適策追究

最適策追究的目的，是預測方策執行時會產生的障礙或副作用（不良影響），並思考避免的方法，檢討事前防止的因應方案，以「預測障礙排除檢討表」說明，依成本、時間、能力及難易度進行最適策的確認，並決定最後的最適策。本組針對五個方策，各自完成預測障礙排除檢討表，結果這五個方策，皆為最適方策。以其中三個方策為例說明，請參考圖表 2-8。

S5：最適策實施

將所有被選出的最適策，運用 PDCA，執行該方策。

- PLAN：透過 What、Who、Where、When、Why 來具體化實施的細則和工作項目。
- DO：說明真正實施時，負責的人員、時間、地點、過程（最好有照片或數據證明）。
- CHECK：檢討執行的成效。

● **ACT**：確認對策效果，並調查有無副作用或潛在風險產生。

以「應每年舉辦全員參與的創新改善競賽活動」方策為例，具體了解此步驟如何執行。在PLAN階段，

What：每年舉辦提案改善競賽活動

1 每年Q1前須完成競賽活動辦法審核及公告

2 每年Q4前須完成競賽活動成果發表及檢討

Who：推行小組

Where：全廠區

When：二〇一九年四月起

Why：激發員工創新改善之熱情

在DO階段的相關做法為，今年由人資部門舉辦，公司三十到三十五職等的同仁全要參與，第二季的提案改善競賽活動，實施的時間是二〇一九年四月到六月。競賽活動

圖表2-8 預測障礙排出檢討追究表

方策②	應給予需要的創新改善訓練課程							
區分	內容	排除障礙、副作用的點子	成本	時間	能力	難易度	總分	排除的可能性
			評分：1、2、3、4、5				＞總分的70% ＝可行	
阻礙	1. 員工沒時間上課	列入所有單位的年度訓練規畫	4	2	4	4	15.5	✓
	2. 上課意願低落	讓人員自行挑選合適課程	3	3	4	3		
	3. 教育訓練的費用過高	編列創新改善預算	4	4	4	4		
	4. 個人程度不一，課程選擇不易	列入各單位教育訓練課程規畫	3	2	4	2		
副作用	a. 教了不會用或根本用不到	手法直接綁定在提案表格中	5	5	5	5		
	b. 增加工作負擔	結合本身工作	5	5	4	5		

總分的算法是將阻礙和副作用的各行分別相加後，再除以行數

$$\frac{(4+2+4+4)+(3+3+4+3)+(4+4+4+4)+(3+2+4+2)+(5+5+5+5)+(5+5+4+5)}{6}$$

$$=\frac{14+13+16+11+20+19}{6}=\frac{93}{6}=15.5$$

方策③	應制定簡單、易懂、易做的提案流程							
區分	內容	排除障礙、副作用的點子	成本	時間	能力	難易度	總分	排除的可能性
			評分：1、2、3、4、5				>總分的70%＝可行	
阻礙	1. 無標準流程	辦法及制度設計	4	4	5	4	16.5	✓
	2. 無專人執行	組織專業團隊進行編輯	2	3	4	4		
	3. 無專業認同	尋求顧問協助	2	4	5	4		
	4. 人員不認同	召開說明會進行說明	2	5	5	3		
副作用	a. 不會用或用不到	手法直接綁定在提案表格中	5	5	5	5		
	b. 增加工作負擔	結合本身工作	5	5	4	5		
方策⑤	應每年舉辦全員參與的創新改善競賽活動							
阻礙	1. 員工不遵行	要求窗口和主管宣導並抽查	3	3	5	4	15.8	✓
	2. 員工無感	召開說明會進行說明	2	5	5	3		
	3. 主管沒時間參與	主管選定代理人參與	5	5	4	5		
	4. 政策未落地	要求窗口和主管宣導並抽查	3	3	5	4		
副作用	a. 增加主管壓力	委員會適時協助部門主管	3	4	4	3		
	b. 人員工作量增加	結合本身工作	4	5	4	4		

包含兩大項，一是想法大競賽：每人至少一件提案；，一是行動大競賽：每個部門至少兩件結案。

在CHECK階段，透過前測與後測的問卷調查，了解舉辦提案改善競賽，是否可以提升公司鼓勵創新思考。前測平均值為三・七分，後測平均值為四・五分（滿分為五分），從數值顯示確實提升了此公司鼓勵創新思考。

在ACT階段，探討發現每年舉辦提案改善競賽活動，有效協助激發員工創新改善之熱情，深究也並沒有發現副作用或潛在風險。

S6：效果確認

在「有形效益」部分，透過問卷比較實施結果與改善目標，針對把實施結果與改善目標加以比較。針對「組織理念、領導風格與效能」問卷結果平均達四分以上（期望水準為四分），至於「提案參與率」，提案改善活動參與率達八〇％（期望水準為七〇％），以上效果都達成目標。

在「無形效益」上，本組同仁熟悉了課題達成型的方法，未來也可以把此方法展開給公司其他部門，並且也對創建公司的文化更有信心。公司文化的建立絕對是一條漫長的道路，但卻是重中之重。

S7：標準化與落實管理

建立或修改標準，納入日常管理體系，落實管理。在本例中，是將流程中的辦法和表格納入管理系統，像是創新改善管理辦法、二〇一九年提案改善競賽活動統計表。後者是指為了即時發現問題，希望即早因應和調整，用於每月統計各單位參與狀況。

S8：反省與今後的因應

接到此專案的組員表示因為第一次做新專案，一開始不知道該如何著手，但透過系統性的方法循序漸進，就能有所依歸。在過程中，接觸了許多資料，也跟台積電學習，都能成為公司和員工的養分。而公司也決定未來每年都會實施「建立公司創新改善的文化」專案，希望能繼續深化創新文化和DNA。

時代變化迅速，碰到陌生問題的機會只會愈來愈多，解決陌生問題是二十一世紀最重要的職涯技能。因為，有些熟悉的問題雖然複雜、不好處理，但終究會被人工智慧慢慢取代，但沒有確切的支持和保證、卻最需要探索創新才能解決的陌生問題，是重要的能力，唯有提升此能力，才能持續創造自己和企業的價值。

番外篇

台積電的一天

我出版《思維的良率》之後，許多場合都有人問我台積電的工作情況。以下是我從二〇〇一年到二〇一一年的台積電工作日常。

我在台積電的第一份工作是生產管理（Production Control, PC）。所謂生產管理就是管控工廠產品，讓產品如質如期出貨。當年我隸屬光罩部門，據說當年的主管很堅持不讓光罩外包，因為他認為要保持技術領先，光罩會是很關鍵的技術障礙。事後證明，這個決策非常關鍵且正確。

當時我住在台北木柵，每天大概六點十分起床。六點三十分開車上高速公路，我就開始上班了。開車過程中，我將手機擴音和大夜班課長通話，了解昨晚的出貨狀況，一邊開車，一邊思考今天的生產製造會議要如何報告。

想著想著，我不知不覺就開進公司的停車場。公司停車場滿大的，共有七層樓。七點三十分到達公司時，停車場通常已半滿，因為員工大都習慣從低層樓開始停起，所以我只好直接停到五樓。雖然表定上班時間是八點三十分，但有更多人早早就來公司了。

進辦公室前，我習慣先去一樓吸菸室抽根菸，舒緩心情。在吸菸室，常會遇到別部門同仁，大家會閒聊公司的產能狀況，聊聊公司股票（公司說不能聊，但是不聊，工作會很沒樂趣）。然後，大家互相打氣，希望今天一切順利。

上午七點三十五分：準備會議

大概七點三十五分左右，我會坐進座位，開始工作。由於早上九點要開生產製造會議，所以這時我會開始做「每日生產報表」（Daily Production Report），當時大部分的生產製造資料都已經上系統了，只要到生產管理報表的網頁，就可以查看所有出貨、機台與生產狀況。每個機台的產能利用率、生產線各製造站點的產品數量，報表上都一目瞭然。

大夜班的製造課長早上七點二十分下班前，要做一份「大夜班的生產報表」信件，寄給所有生產製造相關同仁。由於系統產生的報表上只有數字，沒有原因。例如：前一天晚上有個產品實際出貨五片，但目標訂六片，系統沒辦法告訴你出貨少一片的原因，但是在「大夜班的生產報表」信件中，就可以查詢到需要的資訊。

蒐集這些資訊，主要是為了準備九點的會議。會議上，部門經理通常會提出很多問題，我們要有辦法回答。雖然許多問題很難答，但對方不是刻意刁難，而是從數字的邏輯不斷挑戰我們。因為，這場九點生產製造會議，其實是十點另一場「主要」生產製造會議的前置準備。

上午十點整：每日生產製造會議

早上十點整，真正的生產製造會議開始。這場會議有非常多主管共同參加，如果無法如期回答問題，現場會很難堪。正因為這樣，部門主管才會要求我們，九點先開個小型會議，事先模擬大主管的提問，針對這些預想的問題，準備更豐富的資料。也因此，我們和部經理培養出非常好的革命情感。

每日的生產製造會議，有哪些部門主管參加呢？除了生產、製造、工程、設備與品保主管，資訊科技部門的主管也要列席。為什麼ＩＴ部門的主管要參加？因為生產資訊跟ＩＴ息息相關，若當天生產狀況跟ＩＴ有關，ＩＴ主管就必須馬上說明。所有相關部門主管都要參與這場例會，這不僅能讓各單位主管都了解生產狀況，當遇到狀況時，也可以高效解決。

當時我雖然只是一個工程師。但只要是部門的生產管理同仁，就要負責擔任生產製造會議的主持人。你可以想像那個場面嗎？一個年輕的工程師，要跟所有與會主管報告生產製造報表。那是一件多有壓力的事！

記得有一次，大主管覺得不良率的數字怪怪的，要我解釋說明。但我給出的解釋可能不是很易懂，也或許他認為我的回答根本無法解釋問題，他接著就說：「建文啊！上班要記得帶頭腦來，不要有時候都邏輯不對。」

上午十點四十分：會議結束，準備解釋報告

開完會就結束了嗎？不是的，會議結束後，你還是要回去查為什麼這個數字怪怪

的，事後再寫一份解釋報告，在當天下班前寄給所有主管。當時我們的原則就是會議上所有問題，必須今日事、今日畢。愈早寄出報告，主管對你的印象愈好。

每日生產製造會議，原則上十點四十分左右就會結束。會議結束後，我通常不會馬上回辦公室，而是衝去吸菸室，不管如何先抽菸再說。連續開了兩個生產製造會議，就像在打仗一樣，精神很緊繃，哪天在會議上「中槍」了，就是血流成河。這時我會拉一兩個同事去抽菸，在抽菸過程中，往往聊到：其實今天生產報告中的某個數字，我本來想故意隱藏起來，大老闆卻還是有辦法看出問題，真的太厲害了。

在吸菸室時，我會試著轉換心情：主管會一直唸你，代表你還有學習的空間，不然他連罵你都不想，因為那是在浪費他的力氣。有時快速轉換心情，對於接下來的工作確實幫助滿大。而這些日常也逼著每一位台積人快速解決問題。

中午十二點：一頓中餐，六種選擇

台積電的員工餐非常豐盛，至少當年我覺得非常好吃，員工支付餐費的一半，另一半是公司付的。到底台積電員工都吃什麼中餐呢？我在台積電時，每天最期待的一件事，就是進公司餐廳吃飯。

可能是因為早上都在開會，節奏非常快，就像打仗打了整個早上。到了中午，總要休息一下，吃吃美食。公司當然知道這一點，所以餐廳總是準備豐盛佳餚犒賞員工。

公司規定十二點吃飯，但大家都有默契，會在前後三十分鐘的彈性時間內前往。為了避免正中午人太多，我的部門通常會在十一點四十五分離開座位。「吃飯了，等吃完飯再來做事吧！」我常這麼叫其他同事起身，也會去敲主管的門，邀主管一起吃飯。

進入餐廳前，會看到一個今日菜色展示櫃，大家通常都會在展示櫃前排隊，看一下要吃什麼。要是看到櫃前大排長龍，通常就表示有不一樣的菜色出現了。

公司餐廳每天大約會提供六到八種餐點。印象比較深刻的，有素食、義大利麵、滷肉飯、擔仔麵、自助餐、鐵板麵、牛肉麵、日式套餐等。真的太豐盛了！在公司就能吃到這些美食，有時真的會讓人覺得台積電員工滿幸福的。我有時會挑不一樣的餐點來吃，讓心情好一些。

有時會發現前幾天還在吃的麵館，今天突然就不見了。這是因為公司福委會會針對每家餐廳實施滿意度調查。如果滿意度偏低，福委會就不會續約，以此要求服務品質。記得有一次，餐廳突然出現鼎泰豐。能請到那麼有名的餐廳，是不是聽起來很棒？那天的隊伍排得很長，大家都想利用難得的機會，多吃一些！

剛才提過，我通常會約同事、主管一起吃飯。除非逼不得已，不然我很少一個人吃飯。大家一起吃飯，閒聊早上開會過程、公司的話題、股票，或是有趣的玩樂分享，很能聯絡感情。通常聊著聊著，就會有認識的同事跑來一起吃。這些同事往往都是過去在專案中認識的同仁。過年過節時，執行長或副總也會來餐廳跟大家拜年，有時還會發紅包，非常熱鬧。

台積電每個廠區都有餐廳，若今天在二廠開會，會後可能就會留下來吃飯。我記得有陣子聽說十二廠的中餐更好吃，有時我們就會趁機去十二廠開會，順便留下來用餐。

下午一點：專案會議

如果上午會議的事情特別多，我會利用飯後時間，回辦公室慢慢回信，一邊透過電腦觀察生產線狀況。如果有特別緊急的產品，我也會特別關注狀況。不過為了節能減碳，十二點三十分後，辦公室會關燈半小時，讓大家充分休息。畢竟常要工作到晚上十點多才下班，中午休息相對重要。

一般來說，公司每位同仁都有專案要執行。因為上午都在忙著處理產線狀況，所以專案開會時間，大多安排在下午。先前也提過，專案成員常由不同部門同仁組成，因此開會時常需要在不同廠區間移動。這時，我們就會搭上公司的接駁車，前往其他專案成員所在的廠區開會，減少交通時間。

接駁車的另個妙用，則是宣導重要事項。舉例，若是有資料保密要點需要同仁知悉，公司就會利用接駁車上的廣播系統，讓同仁坐車時，順道了解機密防治注意事項。

下午四點：一頓下午茶和兩百封信件

開完專案會議，再回到辦公室，通常就到下午四點多了。有時會發現，自己座位上多了一份新竹魚丸和雞排，原來是熱心的同事幫忙預留的下午茶。在公司吃下午茶非常普遍，這些下午茶大多是主管與同事輪流請客居多。那段時間我幾乎享用過新竹所有美食和飲料。

大家會利用下午茶時間，閒聊休息，或者跟主管更新剛開完會的專案進度。我也常利用這段時間處理信件。你可能很難想像，我當時一天收到的信件，往往超過二百封，每天都有處理不完的信。

由於我是在生產戰鬥部門，幾乎時時刻刻都要盯著電腦，確定產線狀況。當然客戶可以從公司網站了解產品進度，但一旦對方發現產品在某個站點停留太久，客戶就會發信給我。而公司一旦發現產品無法如期出貨，也會馬上寫信通知客戶，告知原因及出貨時間，讓客戶可以提早準備。

如果遇到時間急迫、又是高階主管及客戶都很重視的產品的話，就要每個小時發信給主管，通報產品狀況。一方面讓主管安心，另一方面也讓對方能呈報給高階主管或客戶，讓客戶感受到無微不至的服務。

下午五點三十分：最後一場生產製造會議

每天生產製造會議要開三次：早上九點、十點、下午五點三十分。生產例行會議的所有資料都會備份在分享硬碟空間，遇到突發狀況時，隨時可以回溯，即時回報客戶，追因、改善。

接下來，就要開始準備下午的生產會議了。一般由生產線課長和副理參與會議。會議目的是要了解，經過早上八小時生產，產線狀況是否出現了特別問題？是否需要資源投入？有沒有什麼特殊產品資訊，需要利用會議再次提醒大家？為了確保所有產品都可以如期出貨，這些問題都在會議中再次確認。雖然每次的例行性生產會議，都要花很多時間準備，但沒有經過這段歷練，很多核心能力都無法養成。

下午六點後～下班

接下來就開始加班了。晚餐一樣在公司吃，這是一天最放鬆的時刻，因為最忙碌的時刻已經過去。我們大多會是六點左右，找坐在附近的同事，一起下去餐廳吃晚餐。餐廳晚上的人潮明顯比中午少很多，因此想吃什麼，就可以點。我至今還很回味，每晚必點的滷肉飯與青菜，有時候說話甜一些，「阿姨你們的餐太好吃了」，對方還會幫我們加菜。

我們邊吃邊看電視，電視大部分都在播放新聞。晚上在辦公室會比較有多餘的時間思考專案，整理與製作報告。辦公室多了一份寧靜，大家都專注在自己的工作上，希望趕快完成趕快下班，畢竟也工作一整天了，但事實上工作永遠做不完，只期待每天可以盡可能做到今日事今日畢。

同事都在比誰比較晚下班，誰比較命苦，當時跟同事好像有默契，下班前都會走過去跟同事說一聲：「你好好加油囉！我要先下班了。」然後，同事就答：「建文，你怎麼可以比我早下班，我明天一定要比你早下班。」

在台積電雖然工作辛苦，壓力也大，但只要想到公司有美味的中餐，每天都有下午茶，想想公司是如何把同仁當成重要資產，在很多細節處理上都非常貼心，就會感到暖心。但話又說回來，有什麼工作不辛苦？

我對台積電的觀察

有些學員拿到台積電的聘僱通知書後，反倒開始猶豫要不要進去工作。以下分享台積電的工作單位和我的五大觀察。

台積電工作單位：直接單位、間接單位、研發單位

我個人把台積的工作單位分成三部分：直接單位、間接單位、研發單位。我特別把研發部門獨立出來，因為它的組織很龐大。

直接單位是跟生產製造直接相關的部門，例如生產、製造、工程、整合部門。這些單位的工作跟生產線息息相關，因此節奏特別快，只要生產線遇到問題，就必須即時處理。

間接單位，例如人資、採購、ＩＥ（工業工程）、資訊科技部門等，這些工作內容雖與生產製造無關，屬於支援的單位角色但還是有其專業，例如：你在採購部門，就要對採購流程或產品，有些許了解。

研發部門在台積電是一個很龐大的組織。我在職時，對這個部門的印象就是同仁學歷都非常高，我認識好多位研發同仁都是博士畢業。由於每個研發專案的時程都非常急迫，因此研發單位的專案感覺永遠都在跟時間賽跑。

五個工作觀察

(1) 公司福利超好

福利分為有形與無形。有形的就是薪資，一年可以在台積電賺多少錢，我相信大家在網路上也查得到，一般工程師的年薪大概落在二百萬左右之間。

這個年薪相當於中小企業中高階主管的年薪。大家可以試想，在一般中小企業，要花幾年時間才能爬到中高階主管？

無形福利也很多，當年我在台積電時，公司內有診所、星巴克、游泳池、運動中心、完整的訓練教室等設施。當時因為工作忙碌，我有好幾顆牙齒就是直接在公司內部的牙醫診治療的。

(2) 個人成長大、國際視野多

身處公司，可以直接觀察公司為何如此成功，能看到國際企業的制度流程、以人為本的胸襟。由於同事與主管都非常厲害，在平常的專案合作與日常的工作交流，成長速度都非常快，這些都是成長的養分。我一直認為在台積電工作一年，相當於其他公司三年，個人成長幅度非常大。

另外，有些人說台積電工作的業務範圍很窄，就好像一個小螺絲釘，工作做久會沒有成就感。我覺得這句話可能對，也可能不對。因為，台積電的工作確實是一個蘿蔔一個坑，但是你可以做很多專案、接觸到不同部門的工作，因此就算工作內容特定不變，也可以藉由專案與跨部門合作學到更多。大公司的部門非常多，因此有很多機會可以轉換到其他部門去歷練，重點還是要看你的工作心態與企圖心。

此外，偶爾歐美大廠的客戶會來公司稽核，公司同仁可以間接看到國際大廠怎麼運作，如何管理人和流程。這些成長跟國際視野都成了我後來轉職當講師和顧問的養分。

(3) 人生價值觀養成

我有一些人生價值觀是在台積電養成的、傳承到現在。一家公司的卓越文化，真的會影響員工一輩子。如公司的十大經營理念，這些的日常養成尤其重要，不然就無法帶領團隊，讓整個組織達成卓越的成效。不僅要工作努力，更要聰明工作，不僅要個人成功，也要整個團隊成功。

說個小故事，當年我在光罩部門，適逢有一年剛好部門成立二十週年，我們請了張董事長來部門致詞，當時我們在一樓的大門迎接董事長，因為他前一個會議延遲了幾分鐘，相對地也因此晚了幾分鐘才進入我們廠區的一樓大門。當他在演講廳致詞時，首先跟大家說抱歉，因為他不知道大家在門口迎接他，讓他覺得不好意思，不然他就會把前一個會議提早結束。這個小故事，我至今還記憶深刻！

我在很多事上都自認是個「差不多先生」，凡事差不多就好，不用那麼累。但因為在台積電工作，我改掉了差不多心態，既然要做就要以完美為目標，就算最後沒有達標，但是你的企圖心跟態度也會讓旁邊的人對你豎起大拇指。

(4) 工作壓力大

我一直覺得人要學習、成長，除了自己有動力之外，外在壓力也是很棒的元素。

在台積電工作，壓力大、節奏快。比如，一個需要一年完成的專案，在公司內可能會被壓縮到半年，所以我們要不斷思考，如何用更有效、更聰明的方式完成。又例如，生產產品如遇到問題，最好當天就要找出原因，寫成報告，這在其他公司可能會拖一、兩個禮拜，才會有人交報告。

不論做任何事情，時間都被壓縮，但品質卻不能放手，無形之中就會有工作壓力。

(5) 工作與生活無法平衡

在台積電工作，一天的工時可能是十二至十五小時，如果是在生產或製造部門，假日還要輪班。可以想像一下：星期一到星期五，每天七點半進公司，晚上十點多下班，假日還要進公司輪班。很難達到工作跟生活平衡的境界。在台積電那一段時間，我很少跟外面的朋友聯繫，因為根本沒有時間，他們每次聚餐我都缺席。

但這是一種選擇，時間花在哪，成就就在哪。至少我很清楚，自己想趁年輕，在台積電多學一點東西，因此總是要有所犧牲，幾乎生活等於工作，工作等於生活。

以上是我對台積電的個人觀察。我個人的看法是，要想清楚自己的短期、中期、長期目標。或許，先辛苦幾年，未來在工作的選擇才有更大的自由度與可能性。但是，每個人進入台積電的想法跟目標，可能都不一樣。選擇沒有孰優孰劣，只要勇於做出選擇並努力向前，就會走出屬於自己、不後悔的職涯之路。

思維的製程：
台積電教我的思維進階法，練成全局經營腦和先進工作術

作者	彭建文
商周集團執行長	郭奕伶
商業周刊出版部	
總監	林雲
責任編輯	林亞萱
封面設計	Javick 工作室
內文排版	陳姿秀
出版發行	城邦文化事業股份有限公司 商業周刊
地址	104 台北市中山區民生東路二段 141 號 4 樓 電話：（02）2505-6789　傳真：（02）2503-6399
讀者服務專線	（02）2510-8888
商周集團網站服務信箱	mailbox@bwnet.com.tw
劃撥帳號	50003033
戶名	英屬蓋曼群島商家庭傳媒股份有限公司城邦分公司
網站	www.businessweekly.com.tw
香港發行所	城邦（香港）出版集團有限公司 香港灣仔駱克道 193 號東超商業中心 1 樓 電話：(852) 2508-6231　傳真：(852) 2578-9337 Email ：hkcite@biznetvigator.com
製版印刷	中原造像股份有限公司
總經銷	聯合發行股份有限公司　電話：（02）2917-8022
初版 1 刷	2023 年 1 月
初版 4.5 刷	2023 年 4 月
定價	380 元
ISBN	978-626-7252-06-2（平裝）
EISBN	9786267252086（EPUB） 9786267252079（PDF）

國家圖書館出版品預行編目 (CIP) 資料

思維的製程：台積電教我的思維進階法，練成全局經營腦和先進工作術 / 彭建文作 . -- 初版 . -- 臺北市：城邦文化事業股份有限公司商業周刊 , 2023.01
256 面 ; 14.8×21 公分
ISBN 978-626-7252-06-2(平裝)

1.CST: 職場成功法

494.35 111020163

藍學堂

學習・奇趣・輕鬆讀